Unlock your

potential as a PM

エンジニアからプロジェクトマネージャー・
事業企画・経営コンサルタント・
デザイナー・現役PMまで

プロダクトマネージャーになりたい人のための本

監修 及川卓也

株式会社クライス&カンパニー
著 松永拓也・山本航・武田直人

はじめに

プロダクトマネージャーとはどんな人たちか

私たちは、人材紹介会社クライス＆カンパニーのプロダクトマネージャー専門チームです。2019年から現在まで1,200名以上のプロダクトマネージャーの方々とキャリア面談を行ってきました。そして、あるユニークなことに気がつきました。

「プロダクトマネージャーを辞めたい」という声が非常に少ないことです。どのような職種にも一定の割合で「職種を変えたい」「違うことにチャレンジしたい」という人がいます。営業からマーケティングへ、経理から経営企画へ、コンサルタントから事業企画へなど、枚挙にいとまがありません。しかし、プロダクトマネージャーのみなさんはほとんどの場合、プロダクトマネージャーとしてのさらなるレベルアップを目的としてキャリアの相談を希望されています。プロダクトマネージャーは自身の仕事にとことん魅了されているのだとつくづく感じます。

これまでお会いしてきたプロダクトマネージャーのみなさんは、多くの関係者のハブになりながらも同じ方向を向いて走ってもらうための指揮官であり、多くの関係者の間に落ちてしまいがちなボールをいち早く察知し拾う究極の球拾いでもありました。どうすればもっとプロダクトがユーザーの役に立てるのかを考えに考え抜いているかと思えば、直接ユーザーの話を聞くために手足をひたすら動かす側面ももっていました。プロダクトの未来について目を輝かせながら語るストーリーテラーでしたし、議論の中では一つひとつの言葉の定義に食いついてくるちょっとめんどくさい人たちでもありました。そして何より、誰かの困りごとを解決したいと本気で願うとてもおせっかいな人たちでした。

ユーザーの幸せを願い、そのためにもがき苦しみながらも試行錯誤を繰り返し、自身のレベルアップに日々励むプロダクトマネージャーのみなさんの姿を目の前で見ていて、プロダクトマネージャーのことがますます好きになっていきました。何とか応援したいという気持ちが日に日に膨らんでいます。

私たちはキャリアアドバイザーという立場で志のある転職をサポートし、日本が、そして未来が少しよくなることに貢献したいと思っています。ユーザーの抱える課題が複雑化し、プロダクトの重要性が日々増している中で、日本のプロダクトマネージャー不足は深刻です。きらりと光る個性のある事業やプロダクトをもつ会社が、プロダクトを担う人材の不足が原因で沈んでいく姿はあまり見たくはありません。気概のあるプロダクトマネージャーがいることで、プロダクトが著しい成長を遂げる瞬間を間接的にでも手助けしたいと心から思っています。

こうした思いで本書を執筆することにしました。

誰に向けて書いた本か

本書はプロダクトマネージャーとしてのキャリアを考えている、社会人10年目あたりまでの次のような方々を対象としています。

- **主に転職によってプロダクトマネージャーを目指す方**
- **現職種には関係なく、プロダクトマネージャー職やキャリアへの理解を深めたい方**
- **プロダクトマネージャーとしてレベルアップを考えている比較的経験が浅いプロダクトマネージャー**
- **プロダクトマネージャーと仕事のうえで関わるエンジニアやデザイナー、事業企画者、事業責任者**

- **コンサルティングファームの経営／戦略／ITコンサルタント**
- **システムインテグレーターのプロジェクトマネージャーやエンジニア**
- **大手事業会社のDX**（デジタルトランスフォーメーション）**推進や新規事業開発の担当者**

さらには、社内でプロダクトマネージャーを活かしたいと思っている次の方々にとっても、同職種の理解を深めるのに役立つ内容となっています。

- **プロダクトマネージャーを採用したい企業の採用担当者**
- **プロダクトマネージャーを活かして企業価値を高めたい経営者**

どのような構成の本か

本書は、序章から第5章までの計6章で構成されています。

まず序章として、昨今のプロダクトマネージャー需要拡大の背景やプロダクトマネージャーが求められる理由を解説します。プロダクトマネージャーという職能の魅力を目いっぱいお届けします。

第1章では、プロダクトマネージャーを目指すにあたって前提の知識となる、プロダクトマネージャーの業務内容と必要となる能力について説明します。他職種との違いや類似性、プロダクトマネージャーの働く実態などを通して、プロダクトマネージャーという職種を理解していただくための内容です。プロダクトマネージャーを知らない方向けの内容でもあるため、すでに十分な知識や経験のある方は、次の2章に進んでいただいても構いません。

第2章は、プロダクトマネージャーのキャリア形成にむけた基礎知識を解説しています。レベル別の期待役割と年収、職種別のキャリアパスなどを具体的に紹介しています。

第3章は、プロダクトマネージャーを目指す際や、プロダクトマネージャーとして転職する際にどのように準備し、進めていくべきかを解説しています。いわば転職活動を実際にサポートする内容です。転職目的の言語化、企業の選び方や職務経歴書の書き方、面接の準備方法など、私たちのこれまでの転職支援の実績から、実践的な方法を紹介しています。

第4章では、一人のプロダクトマネージャーとして立ちふるまっていくための心構えをまとめています。具体的にはプロダクトマネージャーになってから意識すべきこと、直面する5つの壁とその乗り越え方、キャリアにおける7つの悩みとその解消法を解説しています。

第5章は、プロダクトマネージャーとしてさらに高いレベルを目指すために何をすべきかを紹介しています。能力の高め方から、マインドセットの変え方、新たなチャレンジの仕方、市場価値の高め方まで触れています。プロダクトマネージャーから他職種への転身についても具体的にお伝えしています。

さらに、第1章から第4章の各章末では、未経験からのプロダクトマネージャー、BtoCのプロダクトマネージャー、BtoBのプロダクトマネージャー、外資系企業のプロダクトマネージャーの計4名にインタビューを行い、リアルな仕事内容をコラムとして掲載しています。異なる背景をもつプロダクトマネージャーの肉声は、キャリアイメージを描くうえでのかけがえのないヒントになるでしょう。

本書を通じてプロダクトマネージャーの仕事の魅力が一人でも多くの方に伝わり、一人でも多くのプロダクトマネージャーが増えることで、よりよい日本、よりよい社会になっていくことを願っています。

クライス＆カンパニー
松永拓也・山本航・武田直人

CONTENTS

序章 なぜいま、プロダクトマネージャーが必要か

第1章 プロダクトマネージャーの業務と能力を理解する

第2章 プロダクトマネージャーのキャリア形成にむけての基礎知識

第3章 プロダクトマネージャーの転職活動の進め方

第4章 一人のプロダクトマネージャーとして立ち上がる

第5章 プロダクトマネージャーとしてさらに高みを目指す

会員特典データのご案内

本書の読者特典として以下の資料をご提供いたします。

- 転職目的明確化シート
- プロダクトチェックシート
- 現役プロダクトマネージャーの職務経歴書例
- プロジェクトマネージャーからプロダクトマネージャーを目指す方向けの職務経歴書例
- エンジニアからプロダクトマネージャーを目指す方向けの職務経歴書例
- 事業企画からプロダクトマネージャーを目指す方向けの職務経歴書例
- カジュアル面談準備シート
- 面接対策事前チェックシート

詳細は巻末302ページのURLからダウンロードして入手してください。

■ 注意

※ 会員特典データのダウンロードには、SHOEISHA iD（翔泳社が運営する無料の会員制度）への会員登録が必要です。詳しくは、Web サイトをご覧ください。

※ 会員特典データに関する権利は著者および株式会社翔泳社が所有しています。許可なく配布したり、Webサイトに転載することはできません。

※ 会員特典データの提供は予告なく終了することがあります。あらかじめご了承ください。

■ 免責事項

※ 会員特典データの記載内容は、2023年5月現在の法令等に基づいています。

※ 会員特典データに記載されたURL 等は予告なく変更される場合があります。

※ 会員特典データの提供にあたっては正確な記述につとめましたが、著者や出版社などのいずれも、その内容に対してなんらかの保証をするものではなく、内容やサンプルに基づくいかなる運用結果に関してもいっさいの責任を負いません。

本書内容に関する お問い合わせについて

このたびは翔泳社の書籍をお買い上げいただき、誠にありがとうございます。弊社では、読者の皆様からのお問い合わせに適切に対応させていただくため、以下のガイドラインへのご協力をお願いいたしております。下記項目をお読みいただき、手順に従ってお問い合わせください。

■ご質問される前に

弊社Webサイトの「正誤表」をご参照ください。これまでに判明した正誤や追加情報を掲載しています。

正誤表 https://www.shoeisha.co.jp/book/errata/

■ご質問方法

弊社Webサイトの「刊行物Q&A」をご利用ください。

刊行物Q&A　https://www.shoeisha.co.jp/book/qa/

インターネットをご利用でない場合は、FAXまたは郵便にて、下記"翔泳社愛読者サービスセンター"までお問い合わせください。電話でのご質問は、お受けしておりません。

■回答について

回答は、ご質問いただいた手段によってご返事申し上げます。ご質問の内容によっては、回答に数日ないしはそれ以上の期間を要する場合があります。

■ご質問に際してのご注意

本書の対象を超えるもの、記述個所を特定されないもの、また読者固有の環境に起因するご質問等にはお答えできませんので、あらかじめご了承ください。

■郵便物送付先およびFAX番号

送付先住所　〒160-0006 東京都新宿区舟町5

FAX番号　03-5362-3818

宛先　（株）翔泳社 愛読者サービスセンター

※ 本書の出版にあたっては正確な記述につとめましたが、著者や出版社などのいずれも、本書の内容に対してなんらかの保証をするものではなく、内容やサンプルに基づくいかなる運用結果に関してもいっさいの責任を負いません。

※ 本書に記載されている情報は2023年5月執筆時点のものです。

序章

なぜいま、プロダクトマネージャーが必要か

プロダクトマネージャーがいたからこそ誕生したプロダクト

マクドナルドの「モバイルオーダー」

みなさんの中でマクドナルドの「モバイルオーダー」を使ったことのある人はきっと多いのではないでしょうか。コロナ禍となって爆発的に普及したこのアプリは、同社のプロダクトマネージャーが中心となってユーザーの声を聞き、開発の工程表を作成し、経営陣を説得してリリースまでこぎ着けました。

モバイルオーダーは元々ベータ版として数店舗で実証実験をしていましたが、その際の満足度が大変よかったこともあり、経営陣からは「すぐに全国展開しよう」という声が上がりました。これは、経営判断としては至極当然の考えといえるでしょう。しかし、「いつ、どこに、何店舗出店する」という考え方でこれまで経営を進めてきたマクドナルドは、「アプリを利用したお客様体験はどうなるか」「店舗のオペレーションはどうなるか」という視点が弱かったそうです。プロダクトマネージャーからしてみると、このまま全国展開を急いだらユーザーにも店舗にも大きな負荷がかかると想定され、とてもではないがすぐに出せるものではないと判断しました。そして、導入によって起こりうる問題や想定するユーザーの反応などを一つひとつ書き出し、解消していきました。

その結果、アプリとして非常に使いやすく、店舗の購入体験としてもわかりやすいプロダクトになりました。全国展開を急いでしまっていたら、おそらく現場では混乱がおき、「使いづらいアプリだな」とユーザーに思われていたかもしれません。これはプロダクトマネージャーがアプリリリースと運用のロードマップを作成し、対応しなければいけない課題に優先順位を付け、オペレーションまで含めたユーザー体験を設計していったことによって得られた成果です。他社の似たようなアプリを使ってみると、マクドナルドのアプリの使いやすさを実感できるはずです。

デジタル庁の「新型コロナワクチン接種証明書アプリ」

デジタル庁が作成した「新型コロナワクチン接種証明書アプリ」もプロダクトマネージャーが携わっています。元々新型コロナウイルス感染症関連のアプリとしては、接触確認アプリ「COCOA」が有名でしょう。しかし、COCOAのリリース後「実は接触を検知できていない」というバグが発生したりするなど、トラブルが尽きませんでした。同じ轍は踏まないよう、デジタル庁はプロダクトマネージャーやデザイナーを集結させて、自らプロダクトを開発していくこととなります。

2021年8月に開発方針が決定し、翌月には開発に着手し始め、リリースは同年12月という短期決戦でした。これまで行政が手がけるプロダクト開発は、仕様書をしっかりとつくり込んで、それに基づいて開発を進めることが多かったようです。しかし、このアプリでは一度リリースしてからユーザーの声を聞き、改善していく方針をとっています。これは、これまでのウォーターフォール型の開発では起こり得なかったロードマップだといえるでしょう。

このアプリでは、ワクチンを接種した自治体を登録すれば、24時間365日いつでも申請ができ、3分程度で接種証明書をアプリ上で発行できます。アプリをダウンロードした人は、「簡単に登録できた！」という体験をされたと思います。

このようにいま私たちが使っているプロダクトの中には、プロダクトマネージャーによってつくられているものが増えてきています。そしてプロダクトマネージャーは昨今どんどん注目を集め、需要が高まっています。

プロダクトマネージャーへの期待が高まり続ける要因

日本では2018年頃からプロダクトマネージャーという職種名を耳にする機会が増え始めました。現在では、その重要性から世の中での認知度、ニーズともに瞬く間に高まり、一躍人気職種の一つとなっています。

SaaSプロダクトとサブスクリプションの台頭

その背景には、SaaS（Software as a Service）のプロダクトやサブスクリプションサービスをもつ企業の台頭があります。SaaSやサブスクリプションは、一度プロダクトをリリースしたら終わり、という売切り型とは大きく異なるビジネスモデルです。**継続して利用してもらうために、つねにユーザーニーズを汲み取り、プロダクトをアップデートし続けなければなりません。**この継続的な開発を先導する担い手としてプロダクトマネージャーに期待が集まり、需要が急拡大しているのです。

また、プロダクト・レッド・グロース（PLG：Product-led Growth）という考え方が浸透してきたこともプロダクトマネージャーの需要拡大に大きく影響しています。PLGとは「プロダクト主導で事業を成長させていく」手法です。従来のプロダクトのセールス・マーケティングはセールス・レッド・グロース（SLG：Sales-led Growth）とよばれる人手を介してユーザーにプロダクトを使ってもらい、買ってもらう、契約してもらう手法が主流でした。

しかし、フリーミアムやフリートライアルという形でユーザーが実際にプロダクトを試せる機会を提供できるようになりました。顧客自身にプロダクトに価値を感じてもらい対価を支払ってもらったならば、自然と収益化につながるため、企業はより一層プロダクトを魅力的にすることに集中できます。

PLGの最たる例は、オンライン会議ツールのZoomです。コロナ禍となりZoomはあっという間に普及しましたが、ZoomのCMを見たり、Zoomの営業を受けた人は多くないでしょう。ほとんどの人は、誰かが使っていることで自分も使い出したはずです。そしてビジネスシーンで頻繁に利用する人が有料課金をしたり、オプションを加えたりすることで、収益化につながる構造になっています。

消費者意識の変化と世界的潮流

さらに、**消費者の意識は"所有"から"利用"へと徐々に変化してきています**。企業においても、初期費用を抑制でき、かつアップデートも頻繁に行われるSaaSプロダクトへの置き換えが進んでいます。この流れはもはや不可逆です。このようにプロダクトを磨いていくことで企業・事業としての成長を目指す企業が増えてきています。

他にも、世界的な戦略コンサルティングファームであるマッキンゼーが、普通の企業がソフトウェア企業になるために必要な6つのもの・こと（Culture、Product manager、Autonomy and architecture、Ecosystem、Go to market、Talent）を挙げているのですが、そのうちの1つにプロダクトマネージャーも含まれています（出典：「Leadership lessons: Becoming a software company」https://www.mckinsey.com/capabilities/mckinsey-digital/our-insights/leadership-lessons-becoming-a-software-company）。

プロダクトマネージャーは、今後もIT企業やDXを推進する企業における中心職種となっていくでしょう。世界を見回すとプロダクトマネージャーは以前から重要な職種と位置づけられています。グローバルTech企業の最高経営責任者（CEO）にはプロダクトマネージャー出身者が少なくありません。たとえば、Googleの親会社であるAlphabetのCEOのSundar

Pitchaiもそうです。また、以前はMBAホルダーの有力な就職先の選択肢はマッキンゼーなどの世界的な戦略コンサルティングファームでしたが、いまではシリコンバレーのプロダクトマネージャーが選択肢に挙がるまでの人気職種となっています。その流行が日本にもようやく起こり始めました。

プロダクトマネージャーが活躍している業界や企業

日本においてプロダクトマネージャーはどこの業界や企業で必要とされているのでしょうか。もともとはIT業界が中心でしたが、いまはIT業界にとどまらず、多くの業界や企業で必要とされるようになっています。

先述のように、今日のプロダクトはサブスクリプションやSaaSなど、リカーリングビジネスとよばれる継続的に収益をあげるビジネスモデルを有するものが多くなっています。BtoC、すなわち企業が一般消費者に提供する形のビジネスでも「動画の見放題や音楽の聴き放題」といったサブスクリプションが一般的です。BtoBの法人向けのビジネスでも、ビデオ会議やビジネスチャットなどのコミュニケーションサービスがSaaSとして存在します。

リカーリングビジネスの波は従来型の売切り型ビジネスが主流であった業界にも押し寄せています。自動車もコネクテッドカーとよばれるように常時インターネットと接続し、「スマートフォンが道路を走っている」とまでいわれるほどに自動車とITが一体化してきています。その結果、自動車の先進機能をサブスクリプションの形で利用したり、自動車自体をサブスクリプションで利用したりすることも実現しています。医療業界でもコロナ禍を経て、SaaSの電子カルテやオンライン診療が普及してきています。飲食店や小売店でもスマホアプリ利用が当たり前になってきました。消費者と接点をもっている企業が先頭集団となり、徐々に産業全体にITプロダクトが拡大しています。

このようなプロダクトを手掛ける中心にはプロダクトマネージャーがいて、今後も新規事業や新しいITプロダクトを始める際には、その紐帯として活躍していくことでしょう。

慢性的に人材が不足している

プロダクトマネージャーのニーズが急速に拡大したことで、プロダクトマネージャーを採用しようとする企業も増加の一途を辿っています。しかし、その供給はまったく足りていません。Wantedly社が2021年に実施した調査（デジタル人材に関する調査）では、デジタル人材が不足していると答えた企業に対して、「とくにどんな職種の人が不足しているか」と質問したところ、図序-1のように1位はエンジニア・プログラマー（67%）、ついで2位はプロダクトマネージャー（53%）という結果になりました。

また、**DX白書2023でもプロダクトマネージャーが不足していると回答した企業は約7割にものぼっています**（図序-2）。

供給不足の要因は、即戦力となるプロダクトマネージャーが新しい職種であり、経験者の数が圧倒的に少ないためです。もちろん、プロダクトマネージャーという名前が一般的になる以前から「プロダクトマネージャー的な業務をしている人」は存在していました。

しかし、リカーリングビジネスを代表とするビジネスモデルは次から次に生まれ、PLGでプロダクトを育てるための手法は日進月歩です。この

■ 図序-1　どんな職種の人が不足しているかのアンケート結果

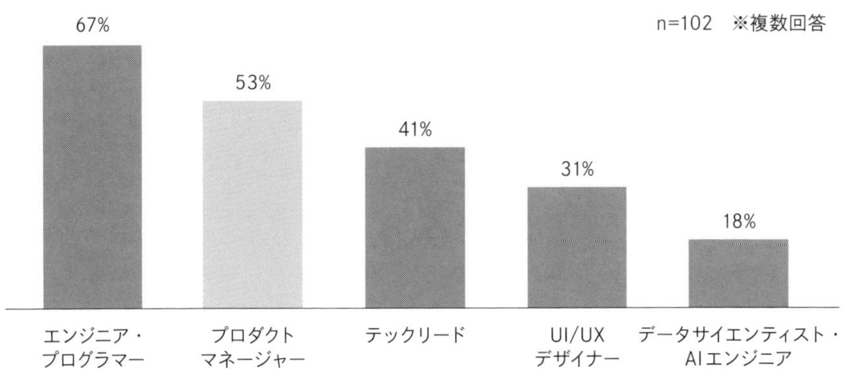

(出典：「デジタル人材に関する調査」https://www.wantedly.com/companies/wantedly/post_articles/344054)

■ 図序-2　デジタル事業に対応する人材の「量」の確保（職種別）

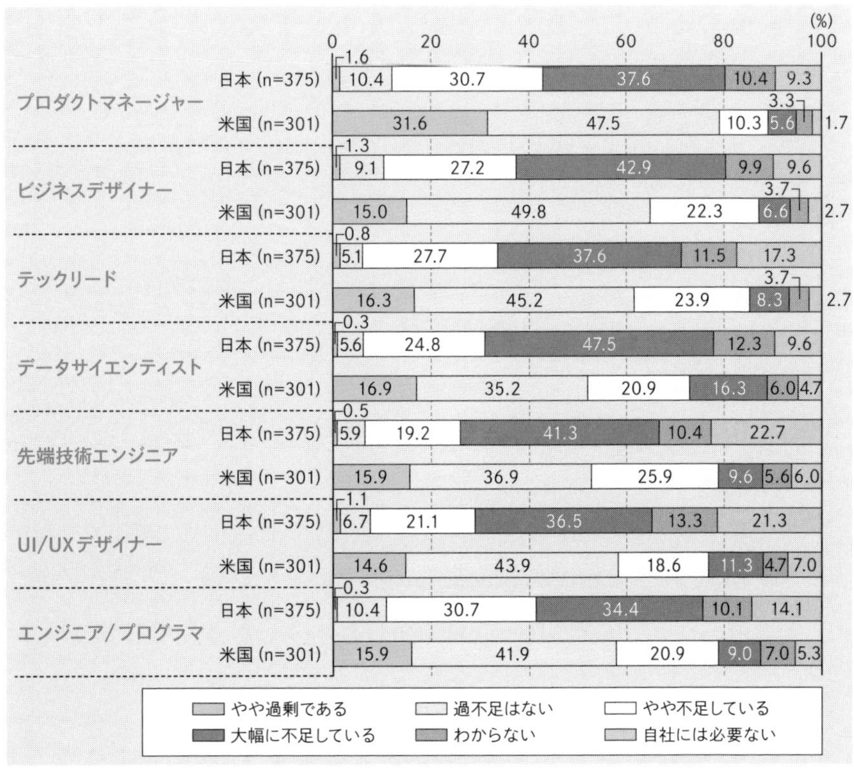

(出典：「DX白書2023」独立行政法人情報処理推進機構　https://www.ipa.go.jp/files/000108046.pdf)

ように変化の激しいプロダクトビジネスでは、従来のプロダクトマネージャー的な業務を経験しているだけでは力不足であり、いま求められるプロダクトマネージャーの経験がある人は限られているのです。

そのため、プロダクトマネージャー経験者が転職活動をした際には、複数社からのオファー（内定）が集まる状況になっています。人材紹介会社でキャリアアドバイザーをしている私たちにも「プロダクトマネージャーを採用したい」という相談が日々寄せられています。しかし、**優秀な人は企業間で争奪戦となっており、なかなか採用できないのが現状です。**その一方で背に腹は代えられず「未経験者歓迎」と要件を緩和する企業も増え始めています。

年収は上昇傾向にある

プロダクトマネージャーの需要過多、供給過少という状態に伴い、プロダクトマネージャーの年収は年々上がり続けています。2019年頃は600万円台の求人も多くありましたが、本書執筆時点では1,000万円を超える求人も当たり前になりました。プロダクトマネージャーの需要は今後もさらに拡大が見込まれ、需要過多が続く限りプロダクトマネージャー経験者への提示年収は上昇し続けていくでしょう。

海外の例ですが、Product Management Festivalのレポートでも、年収上昇の傾向は顕著に表れています（図序-3）。

■ 図序-3　欧米主要国のプロダクトマネージャーの平均年収推移

国別（米ドル、税引き前）

$200k
$150k
$100k
$50k
$0k

ドイツ　スイス　イギリス　アメリカ

2017　2018　2019　2021

（出典：Product Management Trends and Benchmarks Report 2022）

年収が上昇している要因の一つは、前述のように優秀なプロダクトマネージャーに対して複数社がオファーを出しているためです。獲得競争になると「他社が○○円出すのであれば、うちはプラス100万円出します」という状況が発生しやすくなります。次第に採用企業は「プロダクトマネージャーの年収テーブル自体を見直さないと、根本的に採用できないのでは？」と思うようになり、年収上昇が一過性のものでなくなります。

ただし、誤解がないように説明すると、現在はプロダクトマネージャーだけの年収が上昇しているわけではありません。ビジネス系職種であってもエンジニア職であっても年収は上昇しています。その中でもプロダクトマネージャーは、転職市場にいる母集団がとくに少ないため、年収上昇が顕著となっているのです。

企業がプロダクトマネージャーの年収を上げるのは人材争奪戦に勝つためであると説明しましたが、もちろんその背景にはプロダクトマネージャーの重要性が認識されてきたことがあるのは間違いありません。**プロダクトマネージャーを採用すると、その採用コストを上回るほどのビジネスの成果が得られる**ので、大枚をはたいてでも優秀な人材を採用するのです。つまり、「プロダクト開発力を高めることは経営上の最重要課題である」と認識する企業が増えた結果、プロダクトマネージャーの報酬が上がり続けているのです。

第 1 章

プロダクトマネージャーの業務と能力を理解する

1-1

プロダクトを成功に導く存在

プロダクトとは「決して完成することのない、つねに進化しユーザーに価値を提案し続けるもの」であり、ソフトウェアを中心としたITを活用しているものを指します。そして、**プロダクトマネージャーの業務は、「プロダクトを成功に導くこと」**です。

1-1-1 プロダクトの成功とは

ではプロダクトの成功とはどのような状態でしょうか。『プロダクトマネジメントのすべて』(及川卓也、曽根原春樹、小城久美子著、翔泳社、2021)によれば、「プロダクトの成功」を生み出すのは次の3つの要素であると定義されています。

1. **プロダクトビジョン**
2. **ユーザー価値**
3. **事業収益**

プロダクトビジョンとは、そのプロダクトを提供することによって実現したい世界観であり、プロダクトの存在意義そのものです。プロダクトが成功している状態とは、そのビジョンを実現した状態を指します。しかし、ビジョンはそう簡単には実現できません。そのため、いま取り組んでいる仕事がビジョンに近づいているかどうかをプロダクトの成功の条件と考えるとよいでしょう。ユーザー価値とは、ユーザーの抱える課題を解決しているかどうかを表します。また、事業収益とは、そのプロダクトを提供することで収益が上がるかどうかを意味します。

すなわち、**プロダクトマネージャーは、プロダクトビジョンの実現を目的として、ユーザーに価値あるものを提供し、かつ事業収益が得られている状態をつくり出すことで、プロダクトを成功に導く**ことができます（図1-1）。しかし、ビジョンを実現しながら、ユーザー価値と事業収益を同時に満たすことは簡単ではありません。これらのバランスを取れるかどうかがプロダクトの成否を左右します。

■ 図1-1　プロダクトを成功に導くための3要素

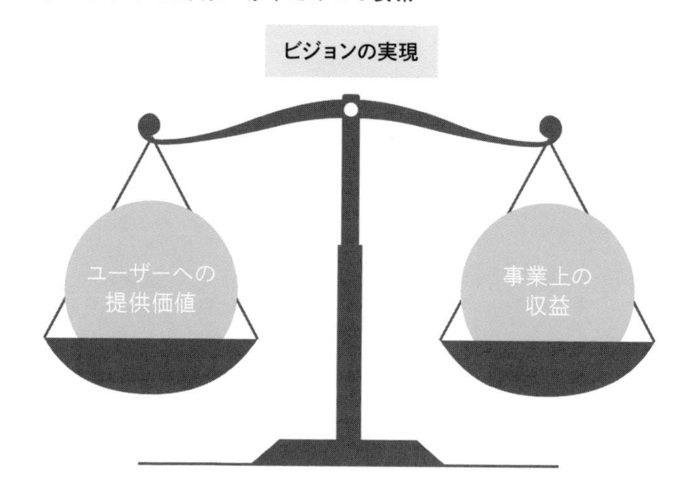

ユーザー価値にだけ目が向いてしまうと、収益性を上げるための施策を打つことに抵抗感が出てきます。収益性を上げるための施策の中には、ユーザーへの価値を損ねかねないものもあるでしょう。

たとえば、プロダクトの有料会員の退会防止施策を考えてみましょう。退会方法を、電話をかけて口頭で申請する方法のみにすれば、手間がかかるので退会をあきらめるユーザーが一定数出てくる可能性があり、事業収益性は上がる（下がらない）かもしれません。しかし、ユーザーに手間と時間とコストをかけることになり、ユーザーの体験は著しく損なわれ、その評判が新たなユーザー獲得に影響する可能性もあります。これではプロダクトの成功とはいえません。

一方で、ユーザーの直面している課題を見事にとらえた結果、多くの人に愛されるプロダクトがあったとしましょう。しかし、ユーザーに支持されている理由が「無料であること」のみであれば、収益が得られずに事業としての継続性は得られません。これもプロダクトの成功とは決していえません。

さらには、ユーザーへの提供価値が高く、かつ事業収益も上がっているプロダクトであったとしても、そもそも実現したかったビジョンや世界観に近づけていなければ本当の意味での成功といえないでしょう。何のためにこのプロダクトを立ち上げたのか、プロダクトで実現したかったことは何なのかを問い続けることがプロダクトの成功につながるのです。

プロダクトマネージャーは大前提としてプロダクトの成功を考え続ける職種であることを頭に入れ、業務に取り組んでいかなければなりません。

1-2 プロダクトマネージャーの2つの業務

プロダクトマネージャーの業務は、所属する企業やプロダクトのフェーズや時代によっても変化します。企業によっては、マーケティング業務を中心に行うこともあるでしょうし、プロダクトのフェーズによっては顧客開拓が業務の中心を占める可能性もあるでしょう。本書では、プロダクトマネージャーの業務を次の2つに分けて解説していきます。

- プロダクトをつくり、育てる業務
- プロダクトチームや関係者をリードする業務

1-2-1 プロダクトをつくり、育てる業務

── 業務サイクル

プロダクトをつくり、育てる業務は、図1-2のような業務サイクルで表されます。

ウォーターフォールのような一方向に向かうフローではなく、サイクルになっていることがポイントです。プロダクトマネジメントは基本的に何

■ 図1-2　プロダクトマネージャーの業務サイクル

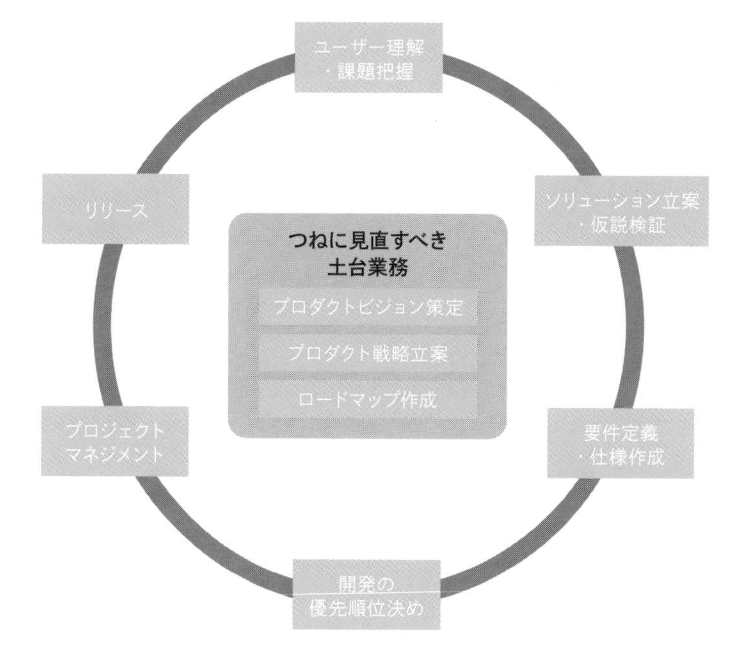

かの業務を実施したら、次の工程へ進み、そのままリリースするという構造にはなっていません。つねにユーザーの課題を把握しながら、プロダクトをつくり、リリースしてまたユーザーの課題を理解することを繰り返します。そして、一連の業務サイクルを支えるのがプロダクトビジョン策定やプロダクト戦略立案、ロードマップ作成などの土台となる業務です。

― 3つの土台業務

まずは、つねに見直すべき3つの土台業務を見ていきます。

プロダクトビジョン策定

プロダクトマネジメントにあたって基礎となるのがプロダクトビジョンの策定です。**プロダクトビジョンとは、プロダクトを通じて実現したい世界観でありプロダクトの目的にあたります。**これがプロダクトの存在意義となり、開発に迷った際の判断基準になります。ビジョンは創業者や経営者、プロダクト立ち上げメンバーの想いがこもった部分でもあり、十分に議論を重ねて策定する必要があります。

プロダクト戦略立案

プロダクト戦略とは事業戦略に近いものです。誰に対していくらでどう売っていくかといったビジネスモデルでもあり、市場や競合を分析して、自社としてどのようなプロダクトをつくっていくかの中長期プランを指します。プロダクト戦略がないと、ビジネスとして成立しないプロダクトが生み出されてしまうでしょう。創業者や経営者、事業責任者と作成していきます。

ロードマップ作成

ロードマップはプロダクト戦略に基づいて作成します。ロードマップとは、「いつまでに誰にどんな価値を提供していくか」を示した工程表です。アウトカム（プロダクトとしての実績・成果、解約率○○％、ユーザー数○○人といったもの）とよばれるKPIや目標を定め、大まかな開発の計画をここで定めます。なお、ロードマップは開発計画でもありますが、実施する作業を記す工程表ではなく、「どんな状態になっていたいか」を記載するものです。また、ユーザーが抱えている課題をどの順番で解決していくか、という優先順位を決めるものでもあります。後述する「ユーザー理解・課題把握」と行き来しながらロードマップを修正していきます。

― サイクルとして取り組む6つの業務

土台業務のまわりにはサイクルとして取り組む6つの業務があります。

ユーザー理解・課題把握

まず**肝心なのはユーザーを理解し、現状の課題を把握すること**です。ユーザーヒアリングによってユーザーペインや困りごとを明らかにします。ユーザーの利用データなどを分析し、開発の方向性を定めることもあります。そもそもビジョンやプロダクト戦略を考える際には、ユーザーを正しく理解することで実現したい世界観や事業、プロダクトを構想するでしょう。また、戦略やロードマップが決まった後も、ユーザーの課題を理解し続ける必要があります。ひとたびユーザー理解・課題把握を実施すればそれで終わりではなく、つねにビジョンや戦略、ロードマップと行き来をして課題と向き合います。

ソリューション立案・仮説検証

ユーザー課題を把握できたら、課題に対するソリューション・解決策を考えます。ここでいうソリューションとは、課題を解決する機能や体験などを指します。簡単なモック（試作品）をつくることもあるかもしれません。そして、そのソリューションはユーザーにとって適切か、課題を解決できそうかを検証します。この仮説検証プロセスを繰り返すことで、精度の高いソリューションが完成されていきます。仮説検証をする際には、カスタマージャーニーマップを活用します。カスタマージャーニーマップとは、ユーザーが課題を解決するまでの行動、考え方、感情、プロダクトとの接点などを記したフレームワークです。ユーザーの感情や行動を整理しながら、ソリューション案が課題解決につながるかを検証していきます。

要件定義・仕様作成

実施していくソリューションが決まれば、そのソリューションごと（たとえば機能ごと）の開発要件を定義し、具体的な開発にむけての仕様書を作成します。このあたりからエンジニアやデザイナーとの議論が増えていきます。仕様が明確になることで、開発に必要な人員数、費用、スケジュールなどのリソースを見積もることができます。

開発の優先順位決め

続いて開発の優先順位を決めます。必要となるリソースの大きさやスケジュール、人員の空き状況、KPIへの影響などを総合的に考慮し、開発の順番を決めていきます。ここではエンジニアリングマネージャーやCTOなどと相談しながら、優先順位を付けていくことが一般的です。これにより開発計画が確定します。

プロジェクトマネジメント

開発計画に基づき、エンジニアやデザイナーと協力しながら開発を進めていくプロジェクトマネジメントのフェーズに入ります。一つの開発をプロジェクトとして、工程管理や品質管理、予算管理などを担当します。なお、プロジェクトマネジメントは、組織によってはプロダクトマネージャーではなく、エンジニアリングマネージャーやプロジェクトマネージャーが担う場合もあります。

リリース

開発が完了したらプロダクトをリリースします。リリース時には、マーケティングチームやセールスチームと連携し、開発したものをいかにユーザーに伝達して届けるかを議論していきます。そして、プロダクトマネジメントはリリースしてからが勝負です。ユーザーの反応や利用状況を見て、課題が解決されているか、目標のKPIを達成できているかなどを振り返ります。さらに次の開発へつなげていくのです。

―「Why」「What」「How」の意味

プロダクトマネージャーの間では、**プロダクトマネジメントの業務を「Why」「What」「How」という単語でよく表現しています。**ここまで紹介したプロダクトマネージャーの業務はそれぞれ、Why・What・Howの言葉を使うと次のように表すことができます。

- **Why：なぜつくるか**
  プロダクトビジョン策定、ユーザー理解・課題把握

- **What：何をつくるか**
  プロダクト戦略立案、ロードマップ作成、ソリューション立案・仮説検証

- **How：どうつくるか**
  要件定義・仕様作成、開発の優先順位決め、プロジェクトマネジメント、リリース

また、WhyやWhatを企画業務、Howを開発業務と表現することもあります。これらの言葉には厳密な定義はなく、プロダクトマネージャーによって指し示すものが異なる場合があるので、こうした言葉を使う際には齟齬が生じないように言葉の定義をすり合わせる必要があります。

── 他職種と比較した場合の共通点・新規性

他職種との共通点

これまでに商品企画、サービス責任者などの肩書で、本書で取りあつかうプロダクトマネージャーに近い仕事をされていた方々がいます。比較的新しいIT・Web業界にも、Webサイトの開発や運営を行う企業を中心に、Webプロデューサー、Webディレクターとよばれる職種があります。また、詳細は後述しますが、プロジェクトマネージャーの業務とも関連性が数多くあります。

他職種にはない新規性

一方で、プロダクトマネージャーの業務ならではの新規性が2つあります。**1つ目は「ゴールがないこと」**です。売切り型商品の商品企画の場合は、自身の担当製品が世に出れば一旦ゴールを迎え、その後は社内の別の担当者が引き継ぐような分業体制もあります。しかし、プロダクトマネージャーは関わったプロダクトを世に出した後も進化させ続ける必要があります。

2つ目は、WebプロデューサーやWebディレクターと違って「企画から開発のマネジメントまで一気通貫で行うこと」です。一般的にWebプロデューサーはWebサイトの事業計画から設計を、Webディレクターは制作から運用までを担当します。Webプロデューサーが制作の一部まで踏み込むことやWebディレクターが設計から担当することもありますが、事業計画から運用までを一気通貫で担当することは稀です。従来の「工程」といういい方をあえて使うと、工程を別の担当へ途中で引き継がないのがプロダクトマネージャーの特徴です。

先ほど紹介したWhy・What・Howという言葉を使うと、商品企画やWebプロデューサーはWhyとWhatまでを担い、Howの開発やUIなどについては別職種の担当となることが比較的多いでしょう。一方、Webディレクターやプロジェクトマネージャーは Howのみを担当することが多く、WhyとWhatが定まっている状態で業務を引き継ぐことが一般的です。対して、プロダクトマネージャーはWhy・What・Howのすべてに携わります。これはプロダクトマネージャーにしかできない役割です。

なお、2010年代前半はWebプロデューサーやWebディレクターの求人が数多く見られました。しかし、本書執筆時点において、この2つの職種の募集や求人はめっきり減り、プロダクトマネージャーという職種に代替されたように思えます。

— プロダクトマネージャーとプロジェクトマネージャーの違い

プロダクトマネージャーの業務を理解するうえで、プロジェクトマネージャーとの業務の違いを知ることは欠かせません。

プロジェクトマネージャーの業務

プロジェクトマネージャーは品質と費用と納期の3つの要素を管理してプロジェクトを完遂させることがミッションです。品質（quality）・費用（cost）・納期（delivery）の英単語の頭文字を取って、QCDと略されることもあります。

「なぜ・誰に向けて・何をつくるのか」などはすでに定まった状態でプロジェクトが組成されており、プロジェクトマネージャーは「どのようにつくるか」に責任をもちます。決められた品質を満たし、決められた予算の範囲で、納期通りにプロジェクトを完遂することがプロジェクトの成功であり、その前提となる「なぜ・誰に向けて・何をつくるのか」は担当範囲外となることが一般的です（ただし、プロダクトマネージャーが認知される以前はプロジェクトマネージャーが実質的なプロダクトマネージャーとして「なぜ・誰に向けて・何をつくるのか」にも責任をもっているというケースもありました）。

プロダクトマネージャーの業務の特徴

一方で、プロダクトマネージャーはプロジェクトを完遂させることだけがゴールではありません。たとえ予算内で、納期通りに品質基準を満たしたプロダクトをつくれたとしても、ユーザーへの価値が弱かったり、事業収益性を向上できていなかったり、ビジョンが実現できていなかったならば成功とは決していえません。

またプロダクトマネジメントの現場では、成功に近づいているかを把握するためにいくつものKPIを設定します。具体的には次のようなものです。

- **ユーザー登録数を○○％増加させる**
- **解約率を○○％下げる**
- **閲覧数を○○％上げる**

このようなプロダクトに関するKPIを達成することをゴールに置いているのもプロダクトマネージャーの特徴です。

プロジェクトはプロダクトを成功させるためにある

プロジェクトマネジメントは、プロダクトマネージャーの責任範囲に含まれる業務です。プロダクトを改善するための課題に対して、プロジェクトを発足し開発を進めていきます。**プロダクトを成功させるためにはプロジェクトが必要であり、プロダクトマネジメントにおいてはプロジェクト**

はプロダクトを成功させるためにあるといえます。

たとえば、いまのプロダクト課題は「新規ユーザーをさらに獲得すること」だったとします。この課題の解決策の1つとして「新規ユーザー登録画面のUI改善による、新規登録時の途中離脱防止」という案に対して、途中離脱率をKPIとして設定し進めるとしましょう。プロダクトマネージャーはこの案を実現するためにUIを改善するプロジェクトを立ち上げます。エンジニアやデザイナーと連携しながら画面設計やバックエンドなどの修正方針を議論します。チームの工数や他に進んでいるプロジェクトも考慮したうえで納期を決め、プロジェクトをスタートさせます。

プロダクトとプロジェクトのライフサイクルの違い

プロダクトライフサイクルとはプロダクトの一生を導入期、成長期、成熟期、衰退期に分ける考え方です。最初から「何年後には衰退期になる」などと計画して進めるプロダクトはありません。その時期になったときに、初めて自分たちのプロダクトがどの期にいるかを判断できます。プロジェクトはプロダクトのそれぞれの期において、必要な施策を展開するためのものです。

先に説明したように、ある開発をある時期までに行うというのがプロジェクトの典型例の一つです。その開発成果をPRキャンペーンによってユーザー認知を高めるというのもマーケティング施策としてのプロジェクトです。プロジェクトは立ち上げ、計画、実行、終結という過程を経ますが、プロダクトとは異なり、開始と終了が決められています。このように、プロジェクトがプロダクトの一生であるプロダクトライフサイクルの中で何度も何度も、時として並行して複数のものが、実行されていくのがプロダクトとプロジェクトの関係となります（図1-3）。

■ 図1-3　プロダクトとプロジェクトの関係性

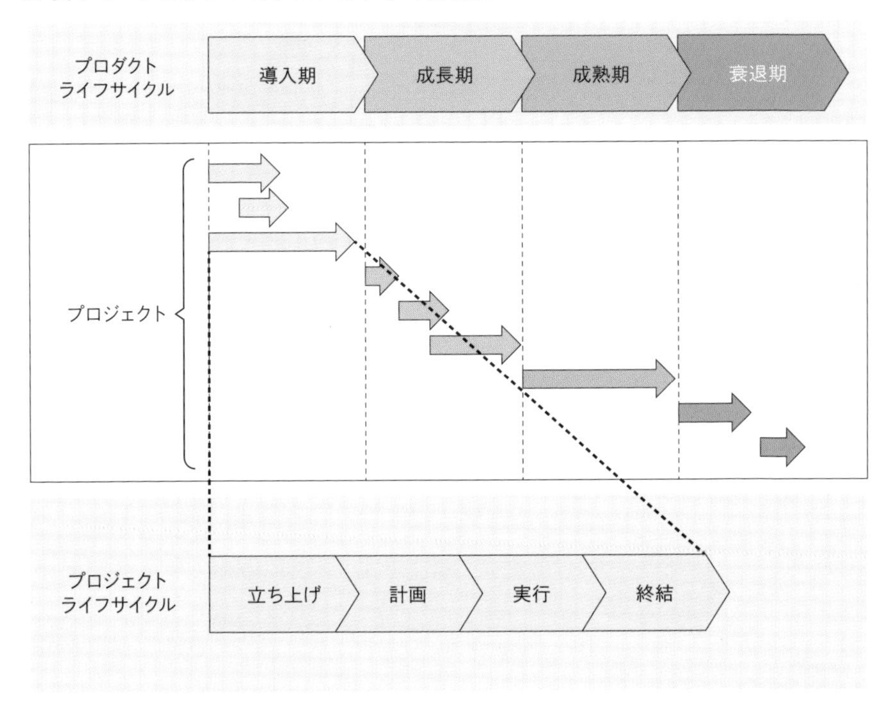

なお、プロジェクトマネジメントとプロダクトマネジメントは、決して上下関係にあるものではありません。プロダクトの成長のためにはプロジェクトマネジメントが円滑に進んでいることが必須です。

また、**優秀なプロダクトマネージャーは例外なく、優秀なプロジェクトマネージャーでもあります**。この2つは異なる職種でありながら、密接に関わり合う関係でもあるのです。

1-2-2 プロダクトチームや関係者をリードする業務

― 人々のハブとなりリーダーとなる

プロダクトをつくり、育てる業務は、一人で完遂することはできません。エンジニアやデザイナーなどからなるプロダクトチームを率いていく必要があります。また、事業戦略を考える事業責任者や事業企画担当、ユーザーに接している営業やカスタマーサクセス、プロダクトや事業を外に広めてくれるマーケターなどとのコミュニケーションも欠かせません。

エンジニアチームだけでは、素晴らしい機能がつくれてもそれがユーザーに求められているものなのか、収益が上がるものになっているのかの判断がつかないかもしれません。カスタマーサクセスがユーザーのある要望を強く訴えても、それはプロダクトビジョンに則るといますぐに開発すべき優先順位でないかもしれません。事業責任者が事業収益を求めるあまり、ユーザーの真の課題を見落としたり、あるいは至急解決すべき課題の優先順位が低いままになったりするかもしれません。

プロダクトマネージャーとは、これらのバランスをとりながら、多様な職種のハブとなりリーダーとなって、プロダクトを成功に導くためのマネジメントをしていく存在なのです。

― プロダクトマネージャーとチームの関わり

では、具体的にプロダクトマネージャーはプロダクトチームや関係者とどのように接点をもってプロダクトマネジメントを進めていくのでしょうか。プロダクトマネージャーと各職種との関わり方を図1-4に示します。ここでは新規プロダクト開発を例とします。

■ 図1-4　プロダクトマネージャーの関わるさまざまな職種のイメージ

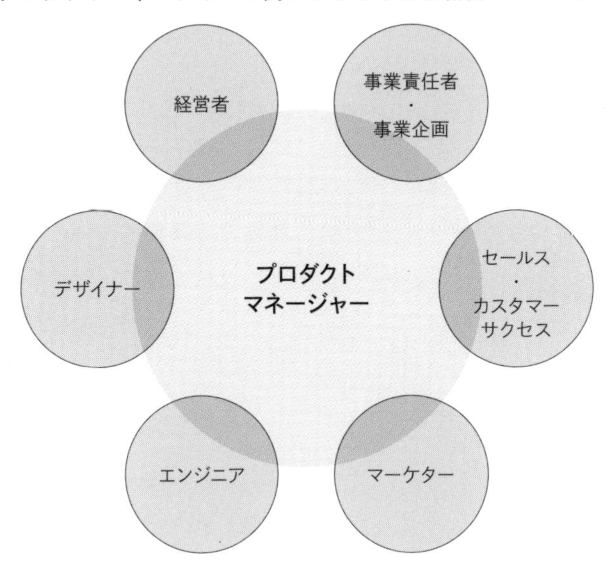

プロダクトマネージャーはプロダクトビジョンを考え、ロードマップを作成します。ロードマップ作成にあたっては、事業収益責任をもっている事業責任者や事業企画とも連携しながら進めます。

プロダクトマネージャーとエンジニアは定期的に打ち合わせを行います。プロダクトバックログ（現在のプロダクトの成長のために必要な機能やユーザーの要望を優先順位をつけてリスト化したもの）を見ながら進捗状況を確認していきます。無理のある開発計画になっているものがあれば追加で人材を採用したり、リリース時期を変更したり、場合によってはプロダクトマネージャー自身が少し開発を手伝ったりするかもしれません。

デザイナーとは、ユーザーが目にするUIやプロダクトを通じての体験であるUXをよりよいものにしていくために協業します。カスタマージャーニーマップをつくったり、実際のデザインのモックを見たりしながら、プロダクトを磨き込んでいきます。

セールスやカスタマーサクセスからは、現場のユーザーからの生の声が上がってきます。実際にプロダクトを使ってくれているユーザーの感謝の声だけでなく、改善や機能の追加の要求なども多々存在します。営業同行やユーザーインタビューを実施することでユーザーの声を聞き、一次情報をとりにいくことも大切な仕事です。

マーケターとは、プロダクトの世界観を大事にしながらどのように市場に認知を広げ、届いて欲しいユーザーに情報を届けるかを共に考えます。主にGo To Market戦略（プロダクトをどのようにユーザーへ届けるかの計画や戦略）の部分で目線をすり合わせていきます。

このように、**「プロダクトをつくり、育てる業務」と「プロダクトチームや関係者をリードする業務」をそれぞれ解像度を高くして遂行する**ことで、プロダクトの成功を実現していきます。

1-2-3 プロダクトマネージャーのタイムスケジュール

── 週間スケジュールでの働く姿

プロダクトマネージャーの働く姿を具体的にイメージしてもらうために、プロダクトマネージャーの1週間のタイムスケジュールを紹介します。

プロダクトマネージャーは、担当するプロダクトのフェーズや課題によってスケジュールが大きく異なります。

たとえば、企画フェーズの場合、プロダクト戦略と事業戦略の整合性をとる際や、新規プロダクト立ち上げのタイミングで既存事業とのシナジーをどう生み出すかの検討をしたりする際は、ビジネスサイド（事業企画など）のメンバーとの打ち合わせが増えることでしょう。ユーザーインタビューを行ったり、プロトタイプを使ってみて意見をもらうタイミングでは、ユーザーと過ごす時間が多くなります。

開発フェーズではどうでしょうか。スクラムイベント（アジャイル開発フレームワークである「スクラム」を実施するうえで必要な打ち合わせ）は定例的にスケジュールに組み込まれます。スプリント期間（スクラムにおいて成果物を出すまでの期間）は1〜2週間を期間とすることが推奨されているため、その単位でスクラムイベントが組まれていきます。1週間のスプリントの場合、週の頭にスプリントプランニング（スプリントのゴール設定、作業計画の策定）を行います。必要に応じてスクラムチーム内の認識合わせのためのリファインメント（バックログを詳細にするための打ち合わせ）を行うこともあります。週の終わりにはスプリントレビュー（スプリントの成果を関係者に共有し、フィードバッ

■ 図1-5　あるプロダクトマネージャーの週間スケジュール例（開発フェーズの場合）

	月	火	水	木	金
9:00	デイリースクラム（任意参加）	PM同士のナレッジシェア	デイリースクラム（任意参加）		
10:00	スプリントプランニング	デザイナーとの打ち合わせ	セールス動画視聴 ユーザー反応確認		CEOとの戦略会議
11:00				プロトタイプ作成	
12:00	ランチタイム				
13:00	関係者への進捗報告		バックログ精査		
14:00	ユーザーヒアリング	データ分析、施策効果測定		他プロダクトとの連携会議	ユーザーへのプロトタイプ提案
15:00			リファインメント		
16:00	ヒアリングまとめ 仕様たたき台づくり			採用面接	
17:00		KPI設定 振り返り	思考の時間		スプリントレビュー
18:00					レトロスペクティブ

クを得る）を行い、最後に振り返りを行います。そういったスクラムのスプリントにはプロダクトマネージャーは深く関わりつつ、他の時間でそのとき解くべき課題に時間を割り振っていくというのが基本的なタイムスケジュールです（図1-5）。

── 週間スケジュールを超えた働く姿

プロダクトマネージャーには関係者との進捗報告業務や目先のToDoだけでなく、中長期でのプロダクトのあるべき姿を考えていくことも求められます。そのため、**目の前の課題やToDoから一旦距離を置き、1年後、3年後、5年後のプロダクトのあるべき姿や目指すべき世界観についてじっくりと考える時間をとることも必要です。**

上記の週間スケジュールはビジネスタイムの9:00〜18:00にフォーカスした内容で記載していますが、スケジュール表に表れていない時間の過ごし方も大切です。たとえば、好奇心をもって業務に関連するインプット作業（オンラインセミナー参加や関連書籍を読むことなど）には、優秀なプロダクトマネージャーは漏れなく時間を割いています。

さらにいえば、プロダクトマネージャーの仕事のサイクルは1日で回るものではありません。スクラムのスプリント期間が回る最小単位の1週間から、1か月、半年、1年、3年とさまざまなスパンで「プロダクトがどうあるべきか」「そのためにはまず足元で何を考えねばならないのか」という問いをつねにもっておく必要があります。短期的なリリースや目の前の収益を上げるだけでなく、プロダクトを長く愛されるものに育てていく視点をもって多様なタイムスパンで行動計画を立てていきます。

各社のプロダクトマネージャーがどのような一日を過ごしているかを知るには、YouTubeで「A Day in the Life of Product Manager」と検索してみてください。英語ではありますが、さまざまなプロダクトマネージャーの日々がよくわかります。また、「プロダクトマネージャーの1日」と検索するだけでも数多くの記事やリアルな現場を紹介するnoteなどが出てくるので、参考にしてみてください。

1-3 プロダクトマネージャーに必要な能力

プロダクトマネージャーがプロダクトマネジメントを進めていくにあたって必要な能力を、図1-2に示したプロダクトマネージャーの業務サイクルに沿って解説します。

1-3-1 プロダクトビジョン策定

プロダクトの世界観を決め、今後のプロダクト開発において迷ったときの拠り所となるものがプロダクトビジョンです。創業者や経営陣とも相談することもありますが、**決して彼ら・彼女らに迎合せず、プロダクトマネージャーとして自身が描くビジョンを語る必要があります。**ここでは主に次のような能力が必要になります。

- **世の中や社会、困っているユーザーに対する強い課題感、使命感**
- **自身のビジョンに対しての強い信念をもち、信じ続ける力**
- **語る相手を味方につけるストーリーテラーとしての能力**

1-3-2 プロダクト戦略立案

プロダクトの戦略を立てるためには、自社の経営戦略、事業戦略との整合性、マーケットの状況、競合の動きなどに目を向けながらポジショニング、ブランディングなども考える必要があります。ここでは主に次のような能力が必要になります。

- **経営戦略／事業戦略の企画力**
- **競合調査、マーケットリサーチ能力、分析能力**
- **ビジネスモデル構築力**

1-3-3 ロードマップ作成

プロダクト戦略の実現のために、どの課題から解決していくかを示す工程表がロードマップです。ロードマップ作成にあたっては、一つひとつの課題の解決が事業価値やユーザーに与えるインパクトを正しくとらえ、どの順番で提供してくことがベストかのプランを考えなければなりません。何が達成できればそれに近づいたといえるのか、どの程度のアウトカムを出せれば課題は解決されるのかなどを設定していきます。ここでは主に次のような能力が必要になります。

- **経営や事業価値に対するインパクトの算出力**
- **さまざまな情報を分析したうえでの意思決定力**
- **アウトカムやKPIを構造的に設定する力**

1-3-4 ユーザー理解・課題把握

ユーザーの声や各種データを正しく取得し、正しく分析することで、ユーザーの課題を正しく理解することにつながります。定性、定量データから、何を解決する必要があるかを特定できる能力が必要です。ここでは主に次のような能力が必要になります。

- **ユーザーヒアリング能力**（要求を聞くだけでなく、課題まで深掘りできる力）
- **データ分析能力**
- **定性、定量データから課題を設定する力**
- **深いドメイン知識**

1-3-5 ソリューション立案・仮説検証

課題を解決する手段は一つではありません。考えられる複数のソリューションの中から、どれがもっとも課題を解決できそうかの仮説検証を進めていきます。ここでは主に次のような能力が必要になります。

- **複数のソリューションを考え抜く思考力、引き出しの数**
- **カスタマージャーニーマップ作成能力**
- **ワイヤーフレーム**（プロダクトの機能やレイアウトや構造を定めた設計図）**作成能力**
- **ドキュメンテーション能力**
- **ソリューションの意思決定力**

1-3-6 要件定義・仕様作成

開発を進めていくソリューション一つひとつに対して、要件を定義し仕様書を作成していきます。ここからエンジニアやデザイナーとの協業が増えていくため、チーム全員で共有できる明確な仕様の策定が必要です。ここでは主に次のような能力が必要になります。

- **システム開発に関する基礎知識**
- **UIに関する基礎知識**
- **開発工数や費用の見積もり能力**
- **エンジニアやデザイナーとのコミュニケーション能力**

1-3-7 開発の優先順位決め

作成した仕様書に基づき、開発の優先順位を決めていきます。優先順位付けにあたっては、経営や事業価値へのインパクト、ユーザーへの価値提供、開発工数などを正しく見積もり、優先度を意思決定する必要があります。エンジニアチームとはとくに連携し合うでしょう。ここでは主に次のような能力が必要になります。

- **エンジニアチームやデザイナーチームとのコミュニケーション能力**
- **開発スケジュールや必要リソースのシミュレーション力**
- **開発順番に関する意思決定力**

1-3-8 プロジェクトマネジメント

実際に開発が始まったら、QCDの管理を行います。プロジェクトマネージャーが別にいる場合は任せることもありますが、プロジェクトマネージャーとのコミュニケーションを通して現状を把握しておきます。一方でQCDのどこかに危機的な状況がある場合は、リソースの再配分を検討したり、時には自身がプロジェクトに入って何とかするような場面もあるかもしれません。ここでは主に次のような能力が必要になります。

- **システム開発のプロジェクトマネジメント力**
- **QCDの管理能力**
- **リソースの管理能力**
- （企業によっては）**ベンダーマネジメント力**

1-3-9 リリース

開発が無事に終わってリリースする際には、どのようにユーザーへ新しい価値を届けるかを考えねばなりません。ユーザーへの周知や利用促進にはカスタマーサクセスやマーケターの力が不可欠です。ここでは主に次のような能力が必要になります。

- **Go to Market戦略立案能力**
- **プロダクトの魅力をビジネスサイドに伝えるプレゼン能力**
- **マーケティングの基礎知識**

column

1

未経験からのプロダクトマネージャーの現場

プロダクトマネジメント業務の未経験からプロダクトマネージャーになるためにはどんな準備が必要なのでしょうか。また、プロダクトマネージャーになってみて初めてわかることなどはあるのでしょうか。

実際にプロダクトマネジメント業務未経験のエンジニアから転職してフリー株式会社のプロダクトマネージャーになった小口知紀さんに話を伺いました。

SIerのエンジニアというキャリアからなぜプロダクトマネージャーを目指そうと思ったのですか？

モノづくりをするときのWhatやWhyにもっと関わりたかったからです。私は文系出身ですが、「もっとハード面のスキルを身につけてモノをつくれるようになりたい」という思いから新卒でエンジニアになりました。初めはHowが全然わかっていなかったところからWebサイトやサーバーが構築できるようになって楽しかったんです。

一方で、「何をつくろう」とか「こういう世界観の実現には、こういう機能がお客様にとって必要だよね」という**WhatやWhyを考える役割を担いにくいと思うようになったんです。**そこに自分が関わっていくためにはSIerの中の異動ではなくジョブチェンジが必要だと感じ、プロダクトマネージャーへの転職を決意しました。

プロダクトマネージャーになるための転職活動において、どんな準備をしたのか教えてください。

インターネットの記事や書籍などから、プロダクトマネージャーについて情報収集を行いました。一口にプロダクトマネージャーと謳っていても企業ごとに業界やフェーズによって業務内容が異なると感じていたため、「その企業がどのようなプロダクトマネージャーを求めているのか」という点を強く意識しながら、さまざまな企業の選考を多数進めていきました。

一番大事にしていたのは、未経験の私がプロダクトマネージャーになるうえで、どこが武器になるのかを棚卸しする作業です。私の場合は、エンジニア出身であるため、エンジニアの思いを翻訳してマーケティングやデザイナー側に伝えられますし、ユーザーの要求や要望をシステムに置き換えてエンジニアに伝えることもできる点を一番推しています。

その他にも、私は海外経験が長いため英語ができるので、海外事例の調査が得意であることや、勉強会の立ち上げやハッカソンへの参加など、思ったことをすぐやる行動力がある点もアピールポイントとして掲げていました。

多数の企業を受けた中で、現職を選んだ決め手は何ですか？

一つは、これからの日本にとってかけがえのない企業だと思ったからです。私は海外経験を通して、日本のためになるような仕事がしたいと以前から思っていました。日本を支えているスモールビジネスの人達が本当にやりたいことに注力できることを支援するプロダクトに非常に魅力を感じたことが大きいです。

もう一つは、多様なバックグラウンドの優秀なプロダクトマネージャーが集まっている環境に惹かれたためです。私のようなエンジニア経験者は少数派で、公認会計士や官庁経験者、副業でカレー屋を経営している人など、さまざまなバックグラウンドのプロダクトマネージャーがいるのでとても刺激になりますし、スキルを盗みたいと思える優秀な方が多いです。

実際にプロダクトマネージャーの仕事を経験してみて、いかがですか？

自分がやりたいと思っていた仕事ができているので、日々本当に楽しいです。エンジニア時代は自分の実作業で動くプログラムができていく楽しさはあった一方で、自分ならではの価値が出しにくいと感じていました。現職では「ユーザーはいまこれを必要としているからつくろう」「そのときにこういう工夫をしよう」という、自分のアイデアが小さい範囲でも0→1で形になっていく実感があります。「この機能は自分がいたから生まれたんだな」「将来こういうものをつくっていけるな」という、自分が介在することによる価値が次々に生まれていくことにわくわくしています。

また、自分の決定権がかなり大きいという点は想定以上でした。たとえば、バグの対応方針を決めるときに、前職であれば3週間ほどかけて多数の関係者との調整を経てからようやく承認となるところを、現職では最終的な要件は私が決められるので、やりがいも大きいですが責任も重いと感じます。

それから、ユーザーからは多くのご要望をいただくので、きちんと優先順位をつけられないと、あれもこれもやらなければとプレッシャーを感じてしまいます。要望に対して「確かにそれが実現できればベストですが、既存ユーザーにこういう影響を与えてしまう可能性があるから、理想論はそうだけど一旦こっちでいきましょう」という判断を行った場合などは、果たして自分の決定が正しかったのか、後から振り返って自問自答しています。

最後に、未経験からプロダクトマネージャーを目指す方々に向けてぜひアドバイスをお願いします。

「自分がプロダクトマネージャーになったら、どういう武器をもっているか？」を考え抜くことをおすすめします。未経験でプロダクトマネージャーになるためには、前職の経験や自分の性格からこういう即戦力になれます、と具体的に応募企業へ示せることが非常に大事です。その自己分析、振り返りは友人に何度も壁打ちしてもらっていました。

また、**多数の企業に応募して欲しいと思います。これは書類通過の可能性を広げる側面もありますが、プロダクトマネージャーの理解度を高めることが主な目的です。**多数の企業を受ける過程で、業界やフェーズによってプロダクトマネージャーの役割がどれだけ違うのか、自分がやりたいプロダクトマネージャーの仕事は何なのかという理解が深められます。現在は各企業でオンライン面接が浸透しており、多数の企業を受ける物理的・時間的なハードルは下がっていますので、とてもお勧めできる戦法です。

小口知紀（こぐち・ともき）　フリー株式会社 プロダクトマネージャー

1995年、東京生まれ。2018年、慶應義塾大学法学部政治学科卒業。2018年、保険系SIer企業にエンジニアとして就職。大規模保険システムのインフラ設計・開発に従事する。「モノづくりのWhatとWhyにもっと関わりたい」という思いから2022年、フリー株式会社に転職。エンジニアのバックグラウンドを活かし、プロダクトマネージャーとしてAPI・アプリストア領域を牽引する。目標は0→1も1→10もできるプロダクトマネージャー。趣味はレコード収集とお笑い。

第2章

プロダクトマネージャーの
キャリア形成にむけての
基礎知識

2-1
プロダクトマネージャーのキャリアにおける正解とは

求職者の方からよく「プロダクトマネージャーのキャリアをどう歩んでいくのがいいか？」という相談を受けることがあります。その際に丁寧にお伝えしているのは、「キャリアに正解なんてない」ということです。

これはプロダクトマネージャーに限らず、すべての職種、すべてのビジネスパーソンの方々に共通していえることです。世の中には「勝ち組」「負け組」という煽り文句がはびこったり、隣の芝生が青く見えたりするものですが、キャリアは一人ひとり違うもの。その人が「このキャリアでよかった」と思えればそれがすべてであり、周囲から何をいわれようが誇りをもつべきです。

2-1-1 無限の可能性を秘めた職種

プロダクトマネージャーという職種はものづくり（製造業的な物理的な「もの」をつくる工程ではなく、サービスやITプロダクトをつくる工程）を追求する仕事なので、つくり手としての好みやこだわりがとくに重要です。ほかの職種と比べると価値観の違いがより反映され、一人ひとり異なるキャリアが形成されやすくなります。また、営業や事業企画、人事といった従来からある職種とは異なり、近年急速に立ち上がった新しい職種でもあります。

以前からプロダクトマネージャーのような仕事をしていた人は一定数いますが、現代ではプロダクトマネージャーとしてのキャリアを形成してきている方にはなかなか遭遇しません。**そのため、まだ「これが王道のプロダクトマネージャーのキャリアだ」といえるものが固まっておらず、無限の可能性を秘めた職種なのです。**

2-1-2 細分化されつつあるプロダクトマネージャー

また、ITを始めとする技術の進化や新しいビジネスモデルの誕生などにより、一口にプロダクトマネージャーといっても求められることは企業によって変わります。そのため、ロールモデルとなるキャリアパスが形成されにくいといえるでしょう。たとえば以下のような、プロダクトマネジメントの中の一部を専門とする職種もでてきており、プロダクトマネージャーがより細分化、多様化されていることがうかがえます。

- **グロースプロダクトマネージャー**（プロダクトのグロースを専門とする）
- **テクニカルプロダクトマネージャー**（技術面からプロダクトの成功を支える）
- **アウトバウンドプロダクトマネージャー**（グローバル展開をしている企業でローカルな顧客ニーズを本社に伝える。リージョナルプロダクトマネージャーともよばれる）

2-2 プロダクトマネージャーのレベル別期待役割と年収

2-2-1 プロダクトマネージャーのキャリアステップ

プロダクトマネージャーのキャリア形成を理解するにあたり、まずは一般的なキャリアステップを紹介します。図2-1にプロダクトマネージャーのレベル別キャリアステップを示します。なお、スキルアップの方法は第4章で詳細に触れています。

■ 図2-1 プロダクトマネージャーのレベル別キャリアステップ

クラス	経験年数	年収	役割・期待
未経験者	―	それぞれ	―
ジュニアプロダクトマネージャー	1～3年	500万～700万円	一連の業務を覚え、アウトプットを出していく見習いクラス
ミドルプロダクトマネージャー	3～6年	600万～900万円	1つのプロダクト、もしくは1つの機能であれば一人で回すことができる。一人前クラス
シニアプロダクトマネージャー	7～10年	800万～1,200万円（+株式報酬）	複数のプロダクトを管掌したり、メンバークラスのマネジメントも担う。責任者クラス
幹部（CPO／VPoP）	ケースバイケース	1,000万円～（+株式報酬）	短期だけでなく中長期目線をもってプロダクトだけでなく全体戦略や組織戦略までも担う。会社としての要職人材

図2-1は私たちが企業や求職者にヒアリングした情報をもとに作成した、あくまでも一般的なものです。実際には企業の規模やフェーズ、プロダクトマネジメント組織の成熟度などによって細かな役割は異なります。また、「何をもってプロダクトマネージャー○○年目」と数えるかの定義によっても異なるので、ある程度の目安と考えてください。

なお、以降で表記するスタートアップとはシード期（創業初期）、シリーズA～C（1～3回目の資金調達が完了しているフェーズ）の資金調達をしている企業が目安で、人数でいうと数名～100名あたりの企業を指します。メガベンチャーとはIPO前、もしくはグロース市場に上場中のIT企業などを示します。大手企業は、プライム市場に位置し、「就職活動人気ランキング」などに掲載されるような名だたる企業をイメージしてください。

それでは未経験者から順にレベル別に細かく解説していきます。

2-2-2 未経験者

― 経験年数と転身状況

未経験者とは、プロダクトマネジメント経験がない方を指します。また、「プロダクトマネージャーではないが、社内のプロダクトマネージャーと一緒にプロダクトマネジメントの一部に関わったことがある」という方も未経験者として認識されます（もちろん関わったことの量や質によって異なります）。メイン業務としてのプロダクトマネジメントに3〜6か月ほど関わっていないと未経験者として扱われるでしょう。2022年頃から徐々に**「未経験者だけど、プロダクトマネージャーというおもしろそうな職種に心機一転チャレンジしたい」という方が増え始めました。**

未経験者からプロダクトマネージャーになるためには未経験者を受け入れてくれる企業を探す必要があります。本書執筆時点ではまだ未経験者を採用してくれる企業は多いとはいえない状況です。しかし、プロダクトマネージャーが認知され、市場にもプロダクトマネージャーが増えてくれば、未経験者からの転職事例がさらに増えるでしょう。

― 年収

どの職種であっても、未経験から転身する場合、多くは年収が下がりますが、これはプロダクトマネージャーも同様です。経験を重ねて実績を積んでいけば年収は再び上がっていきますが、一時的な年収ダウンを許容できない場合、未経験からの転職はおすすめしません。社内異動や副業などでまずはプロダクトマネージャーとしての経験を積んでいきましょう。

転職時に年収をダウンさせない方法としては、規模の大きな企業を次の職場として狙うことです。上場企業や、未上場ではあるものの時価総額が大きい企業では、未経験からの転職者にも年収を上げて採用する場合があります。いま在籍している企業がスタートアップである場合は、メガベンチャーや大手企業を狙って転職活動をすることで、未経験からでも年収の維持・上昇を狙っていくことが可能です。

未経験者がプロダクトマネージャーに転職できた際の年収は、次項「ジュニアプロダクトマネージャークラス」の年収を参照してください。

2-2-3 ジュニアプロダクトマネージャークラス

― 経験年数と業務

プロダクトマネージャーになりたての方は、ジュニアプロダクトマネージャーやアソシエイトプロダクトマネージャーとよばれます（あくまでも総称であり、明確に定義されたり転職市場でクラス別に分かれたりはしていません）。

経験年数としては、1〜3年目程度の方を範囲としていますが、会社や人によっては3年目の人は「ジュニアプロダクトマネージャーは卒業しているだろう」と認知される場合もあります。

ジュニアプロダクトマネージャーが一人でプロダクト開発のすべてを担当することは難しく、先輩のプロダクトマネージャーと一緒に開発したり、プロダクトや機能の一部分のみの開発を担うことが多くなります。プロダクトマネジメントの企画から開発までを一気通貫で見るのではなく、企画だけであったり、開発だけからスタートすることが大半です。

一方、企業の育成方針にもよりますが、一つひとつの業務の密度や深さは浅くなるものの、企画から開発まで一通り経験させることを優先させる企業も出てきました。これはプロダクトマネジメントの全体像を早期に見せたいという意図があるためです。

── 期待・役割

ジュニアプロダクトマネージャーに求める期待としては、プロダクトマネジメントの所作を順に学んでいき、独り立ちしてもらうことが主となります。そのため、定量的な成果までを求められることはあまりなく、いわゆるクオリティの高い業務（アウトプット）をいかに早く正確にこなしていけるかが大事になってくるでしょう。

しかし、後述しますがプロダクトマネージャーとはアウトプットを出すことが目的の存在ではなく、あくまでも成果であるアウトカムを出すことが求められる職種です。**ジュニアプロダクトマネージャーであっても、つねにアウトカムを意識しながらアウトプットしていくマインドをもっていきましょう。**

── 年収

年収は企業フェーズにもよりますが、500万～700万円程度が相場観です。ただし、大手企業などで直近にプロダクトマネージャーに異動した方は、以前の年収がそのまま維持されることも多く、700万円以上になることも珍しくありません。プロダクトマネージャー経験が1年未満にもかかわらず、年収1,000万円という方も大手企業には在籍しています。

転職活動において、ジュニアプロダクトマネージャークラスは年収が維持されるもしくは上昇することが多いです。本書執筆時点では、プロダクトマネージャーの採用難が続いているため、ジュニアプロダクトマネージャークラスであっても「少し年収を多めに出しても採用しよう」という企業が多くなってきているように感じます。

2-2-4 ミドルプロダクトマネージャークラス

── 経験年数と業務

一通りの業務プロセスを回せるようになると、あるプロダクトや機能を一人で任されるようになります。この「補助輪はもういらないが、責任者まではもう少し」という状態がミドルプロダクトマネージャークラスです。ただ、厳密なジュニアとミドルの違い、ミドルとシニアの違いというものはなく、大まかな区分として使われる言葉です。経験年数としては3〜6年目程度の方を対象としています。

── 役割・期待

企画から開発まで一気通貫で見ることが期待されます。まだ規模が小さいプロダクトではプロダクト全体を見ることもあり、その場合は次項で説明するシニアプロダクトマネージャーやプロダクト責任者と同様の役割を期待されます。

一方、複数のプロダクトをもち、プロダクト組織の規模も大きい企業の場合は、一つの機能のみを担当することもあります。ミドルプロダクトマネージャーはアウトカム（プロダクトとしての実績・成果）として、次のような定量KPIを達成することが求められます。

- **ユーザー数を○○％伸ばした**
- **チャーンレートを○○％減少させた**
- **CVR（コンバージョンレート）を○○％改善した**
- **売上を○○％アップさせた**

── 年収

年収は600万〜900万円程度で、これは「ピープルマネージャー（チーム運営や部下の育成・評価などを担うマネージャー）の一つ手前の役職」ととらえられた結果の相場観となっています。実質的にプロダクト責任者を兼ねている場合であれば、1,000万円を超えることも珍しくありません。

ミドルプロダクトマネージャークラスは転職での年収上昇が期待できます。プロダクトマネジメント業務を一通り経験しており、あるプロダクトの責任者となっている場合も多いため、企業からは「なんとしても採用したい」最優先の人材となります。複数社から内定が出た場合には、年収がより上がりやすい状況が生まれます。

2-2-5 シニアプロダクトマネージャークラス

── 経験年数と業務

シニアプロダクトマネージャークラスは、いわゆる管理職レベルに相当します。複数メンバーのピープルマネジメントを担えるレベルであり、一人のプレーヤーとしての能力や実績に加え、ピープルマネジメントができる人材かどうかが大事な要素となります。規模の小さいスタートアップによっては、CPOやVPoPが不在の場合もあり、実質的にシニアプロダクトマネージャーが、プロダクト責任者であることも多いです。このクラスは機能レベルでの責任者ではなく、一つのプロダクトの全体責任を負っています。

経験年数としては7〜10年目としていますが、このクラスまでくると個人差が大きくなります。早期にマネージャーレベルになれる人は7年未満で就任する可能性もあれば、10年以上経験してもシニアプロダクトマネージャークラスとしてマッチしない人も出てきます。

── 役割・期待

一つのプロダクト、もしくは複数プロダクトの立ち上げやグロースにコミットし、アウトカムを出し続け、事業への貢献を強く求められます。事業の最大KPIである売上責任はビジネスサイド（営業や事業企画、事業責任者など）でもつことも多いですが、シニアプロダクトマネージャークラスであれば、プロダクトサイドから見た売上への貢献が求められ始めます。**ユーザーだけを見ているのではなく、会社全体への売上インパクトや経営目線をもち始めるのがこのクラスです。**

また、自身のチームをもつようになるため、組織マネジメントへの期待も大きくなります。チーム全体の方向性や戦略を決めることはもちろん、チームメンバーの採用、育成、ピープルマネジメントなどの役割も徐々に担っていくことでしょう。

とくにプロダクトマネジメントチームの人数がまだ少ない企業であれば、採用活動にも積極的な参画が求められます。そのときに求められるのは「最終的に自分のチームに入れたいか」という現場の最終判断です。チームとしてのビジョンや方向性を定めたうえで、どんな人物が必要で、どのように育成し、いかにしてエンゲージメントを高めていくかなど、マネジメントとしての能力が大きく問われます。

── 年収

年収としては800万～1,200万円といった範囲に収まることが一般的です。800万円というのはピープルマネージャーとしてはやや低めですが、アーリースタートアップの場合は、このくらいの金額で提示されることがほとんどです。一方、メガベンチャーや大企業では1,200万円やそれ以上が提示されることもあります。

転職においては、年収が下がる可能性も上がる可能性もあります。ミドルプロダクトマネージャークラスと同様に即戦力としては間違いないので、上がる場合はわかりやすいでしょう。下がる場合としては、現職ですでに十分に高い年収をもらっており、他社でそれを上回ることが難しい場合です。また、転職先としていまよりも小さな会社を選ぶ場合は、高い年収を提示しにくいこともあります。ただし、後者の場合はストックオプションなどキャッシュではない株式報酬の提示もあり、一概に年収減少とはいえないことも多くあります。

2-2-6 幹部クラス（CPO／VPoP）

── 経験年数と業務

幹部クラスはいわゆるプロダクト責任者でもあり、プロダクトマネジメント組織の責任者となります。プロダクトマネージャーの採用、育成、評価や、組織や人事面でのKPIの設計など、組織責任者としての業務割合が増えてくるでしょう。また、それ以外にも会社全体の経営も担っていることが多いクラスです。そのほか、エンジニア組織の責任者やCOOなどを兼務している場合もあります。プレーヤーとして手を動かすことも多少はありますが、基本的には中長期のプロダクト戦略の立案やプロダクトマネージャーたちのマネジメントが主な業務です。

CPO（Chief Product Officer）とはプロダクトづくりにおける中長期の戦略やマイルストーン、方向性に責任をもつことが多いポジションです。経営にインパクトを与える意思決定に責任を負い、そのプロダクト戦略が5年後、10年後の会社にどのような影響をもたらすかに関する判断を担います。一方で、VPoP（Vice President of Product）はプロダクトマネジメント組織のマネジメントや管理の役割が中心となり、プロダクト戦略や優先順位付けなど、比較的短期〜中期でのプロダクト開発を成功させるための責任をもちます。

ある程度規模の大きな企業（メガベンチャー以上など）の幹部クラスは複数プロダクトの責任者を務め、売上責任も背負うことが一般的です。**ジュニアプロダクトマネージャーからキャリアを始めた方は、CPOやVPoPが1つのキャリアゴールになるといえるでしょう。**

ただし、非ITの大手企業においてはまだCPOやVPoPという役職は存在しないことの方が多いです。これはプロダクトマネジメントを専門にもつ経営層が少ないためです。エンジニアのトップであるCTOでさえそもそも置かれていないことも珍しくありません。とはいえ、日本以外の諸外国ではCPOという存在も珍しくないので、将来的には日本でもCPOが置かれていくのではないかと予想されます。

── 役割・期待

これまでのジュニア、ミドル、シニアといったプロダクトマネージャーと異なり、スタートアップなどのCPOはプロダクト開発未経験であっても就任している可能性があります。プロダクト開発の細かな部分までは見きれませんが、中長期のロードマップや開発状況に対して責任をもち、全社戦略に対してのプロダクト方向性を決定する役割が求められます。

また、大企業においてもプロダクトマネジメント経験がない幹部を、CPOだったりプロダクトマネジメント組織の責任者に据えることがあります。これまで新規事業開発やサービス開発で成果を出してきた方や、DX組織のトップの方などが抜擢される場合です。

ただし、これらの「未経験だけど責任者に抜擢」する場合はかなり例外的です。プロダクトマネジメント経験はほぼない中でプロダクト戦略や企画の部分を管掌していることが多く、いわゆる開発のフェーズはCTOや開発責任者、エンジニア組織のトップが見ていたりします。プロダクトマネジメント経験をもつCPOや責任者を採用できるまでの「つなぎのCPO」の場合もあります。なお、世の中の大半のCPOはシニアプロダクトマネージャーからのステップアップで就任しています。

── 年収

年収としては、600万〜2,000万円と多様です。アーリースタートアップではキャッシュでの年収は低いものの、ストックオプションなどの株式報酬が支給されることも一般的です。また大手企業であれば、年収が1,500万〜2,000万円程になることも珍しくありません。**シニアプロダクトマネージャーまでの年収とは考え方や稼ぎ方も若干異なってくるのが幹部クラスといえるでしょう。**

2-3 プロダクトマネージャーが扱うプロダクト分類

プロダクトマネージャーにとって、どのようなプロダクトを扱うかはもっとも大事な要素です。プロダクトの種類によってモチベーションやこだわりの度合いが変わります。

私たちはこれまでプロダクトマネージャーを含めたさまざまな職種の方とキャリア面談を実施してきましたが、とくにプロダクトマネージャーは好みや希望が千差万別です。求職者の方から「みなさんどうやってプロダクトを選んでいるのですか？」と聞かれるたびに「人によって全然違うのです」と答えています。扱うプロダクトにこだわりはないが、所属する企業にはこだわりがあるという人もいます。とはいえ、プロダクトにこだわる人はその選び方に一定の軸があります。その軸に基づいて自分が関わるプロダクトを選ぶのが、考えやすいプロセスです。

2-3-1 プロダクトの4つの分類

ここでは、プロダクトを以下の4つに分類して紹介します。

- **BtoCとBtoB**
- **バーティカルとホリゾンタル**
- **プロダクトフェーズ**（0→1、1→10、10→100）
- **国内とグローバル**

これらの分類はそれぞれ独立し組み合わせによって多様なプロダクトの可能性があります。たとえば、「BtoB × ホリゾンタル × 1→10フェーズ × 国内」という掛け合わせでは、「グロースフェーズにある国内スタートアップ向け採用管理SaaS」というサービスが当てはまります。同じ組み合わせでも、競合するほかの複数のプロダクトが存在するでしょう。それほどプロダクトは多様であり、無限の広がりを秘めています。

なお、以下では各分類の違いを整理していますが、善し悪しの評価ではありません。みなさんにとってどちらが好みかを考える参考にしてください。

2-3-2 BtoCとBtoB

― BtoCとBtoBのそれぞれの特徴

プロタクトには、一般ユーザー向けのBtoCプロダクトと、企業ユーザー向けのBtoBプロダクトがあります。BtoCプロダクトは自分のスマートフォンや私用PCにインストールされているアプリやWebサービスを思い浮かべてください。BtoBプロダクトは社用スマホや社用PCで使用するアプリやWebサービス、またはシステムを指します。本質的にはどちらもプロダクトですが、**BtoCなのかBtoBなのかによってプロダクト開発のプロセスや考え方、マネタイズ方法は異なります。**BtoCプロダクトとBtoBプロダクトの主な違いは図2-2のように表せます。

■ 図2-2 BtoCプロダクトとBtoBプロダクトの違い

主な観点	BtoC	BtoB
対象ユーザー	一般ユーザー（消費者）	法人ユーザー
課金対象	個人へ	基本的に法人へ
ユーザー数	多（不特定多数）	少（限定的）
ユーザー分析方法	データ分析が主	ユーザーヒアリングが主
ユーザーになれるか	なれることが多い	なれないこともある
フィードバック	ユーザーからのダイレクト反応が主	ヒアリング／営業側からが主
提供価値	価値創造型が主	課題解決型が主
課題のわかりやすさ	わかりづらい（相対的に）	わかりやすい（相対的に）

― ユーザー数とフィードバックの違い

BtoCプロダクトはユーザー数の多さが特徴です。個々にユーザーヒアリングをするよりも、ユーザーの利用状況やデータなどを分析したうえで、改善の方向性を決めることが多くなります。

一方でBtoBプロダクトは、BtoCプロダクトほどのユーザー数やデータ量がありません。BtoBプロダクトであってもデータ分析は欠かせませんが、BtoCプロダクトよりも現場へのヒアリングや業務フローそのものの理解が重要となります。

また、BtoCプロダクトであればTwitterのようなSNS、AppStoreやPlayストアなどのマーケットプレイスでのレビューコメントを通じてユーザーからのフィードバックを即時に得られます。過去には、アプリをアップデートしたものの、TwitterなどのSNSで大ブーイングが起こり取り下げた例もあるように、不平不満はすぐに伝わってきます。同時に、プロダクトを喜んで使ってくれているユーザーの声も直接的にSNSなどで把握できます。

一方でBtoBプロダクトはビジネスパーソンが対象になっているため、フィードバックを得ることが簡単ではありません。Twitterに書き込まれることもありますが、基本的にはユーザーヒアリングや営業やカスタマーサクセスからの報告でフィードバックを得ます。

── 提供価値の違い

BtoCとBtoBでプロダクトの提供価値にも明確な違いがあります。**BtoBプロダクトは課題解決型のものが多い**といえます。「いまの業務で困っていることをITの力で解決する」という類いのものがいまでは主となっています。「不（負）の解消」だったり「業務改善型」といわれることもあります。何かしら困りごとが起点となっており、それを見つけて解決するプロセスです。そのため、次に説明する価値創造型と比較すれば、比較的わかりやすい（解決方法がわかりやすいのではなく、あくまでも困りごとがわかりやすい）課題であることが多いです。

BtoCプロダクトは価値創造型が多いといえます。たとえばTwitterは、何かの困りごとを解決しているプロダクトではなく、新しい価値や文化を創造しているといえるでしょう。明確な課題があるわけではないため、Twitterが生まれる前にユーザーへヒアリングを実施したとしても、「Twitterのようなプロダクトが欲しい」という直接的な回答は得られなかったでしょう。

これは一つの例でしかありませんが、BtoCプロダクトは課題や困りごとが明確になっていない場合が多く、課題の特定はBtoBプロダクトよりも難しいといえるかもしれません。なお、BtoBプロダクトで価値創造型、BtoCプロダクトで課題解決型のプロダクトも存在します。

── BtoBtoCという形態

BtoCとBtoBのプロダクトを紹介してきましたが、BtoBtoCとよばれるプロダクトもあります。たとえば、回転寿司で使用するタブレット用注文システムがこれにあたります。BtoBtoCの最初のBはシステム開発会社などになり、彼らはシステムを回転寿司店舗であるBに提供します。これがBtoBの側面です。そして回転寿司店舗は来店された顧客であるCに利用してもらうことになり、こちらはBtoCとなります。システム開発会社から見るとこのプロダクトはBtoBとBtoCが組み合わさったものとなり、BtoBtoCといえます。エンドユーザーである顧客が使いやすいプロダクトであるのはもちろんのこと、店舗としても使いやすいプロダクト（管理しやすい、更新しやすいなど）でなければなりません。

このようにプロダクト一つをとっても誰が使うか、どこに納品するかによってその特徴が大きく異なります。世の中にはさまざまなプロダクトが存在しているので、興味のある人はそれぞれのプロダクト事例をたくさん調べてみてください。

2-3-3 バーティカルとホリゾンタル

── バーティカルSaaSとホリゾンタルSaaSのそれぞれの特徴

昨今はBtoBプロダクトの多くをSaaSプロダクトが占めています。SaaSプロダクトは、バーティカルSaaSとホリゾンタルSaaSに区分できます。バーティカルSaaSとはいわゆる業界特化型のプロダクトです。医療、建設、金融、教育などのように業界固有の課題を解決するために誕生したプロダクトです。「○○Tech」とよばれるようなプロダクトはバーティカルSaaSに含まれるでしょう。ホリゾンタルSaaSとは業界に依らず、どの業界でも共通に存在している業務の課題解決をするために誕生したプロダクトです。会計、経理、労務、採用、経営管理、営業、マーケティングなど、職種に紐づくことが特徴です。BtoBのSaaSプロダクトのほとんどはこのいずれかに該当します。両者の違いは図2-3のように表せます。

■ 図2-3 バーティカルSaaSとホリゾンタルSaaSの違い

主な観点	バーティカルSaaS	ホリゾンタルSaaS
必要な知識／知見	業界固有の知識やルール	職種固有の知識やルール
課題の難易度	難（相対的に）	易（相対的に）
参入障壁	高	低
収益化カーブ	後から伸びやすい	早期に立ち上がりやすい
顧客	限定的	広い・数が多い
解約のされやすさ	されにくい	されやすい

—— 参入障壁と解約のされやすさの違い

ホリゾンタルSaaSの方が業界横断プロダクトのため、競合の参入障壁がやや低くなっています。それにより、解約されて競合プロダクトに乗り替えられてしまうリスクも高くなります。技術力だけでは差別化がしづらいSaaSプロダクトも多く、比較的競合他社との機能も似通ってくる傾向にあります。そのため、参入時期やチャネルの多さ、営業力、カスタマーサクセス体制であったりなどの組織や事業戦略が業績に大きく影響します。

プロダクトとしての差別化では、ユーザー体験としての使いやすさ、アップデートの頻度、ユーザーのペインへの細かい配慮などが勝負の分かれ目になってきます。場合によっては価格勝負になるかもしれません。業界問わず、対象となるユーザーがいるため、対象となる顧客数・ユーザー数はバーティカルSaaSと比べて非常に多いのも特徴です。

一方でバーティカルSaaSのプロダクトは、アナログやローカルな習慣が残っていることも多い業界固有のルールやしきたりに対応しています。そのため、**参入しづらいが継続的に利用されていれば、解約もされづらいという特徴があります。**

ホリゾンタルSaaSと比べて業務理解も難しく、専門的な知識が必要となります。また、顧客は業界の中に閉じてしまうため、ホリゾンタルSaaSと比べて対象となるユーザー数は多くはありません。しかし、一度そのプロダクトが使われ始めると競合への乗り替えがあまり発生せず、かつ機能をどんどん他業務へ拡張していくことでクロスセル（他機能の追加課金）がしやすい特徴があります。

これまで私たちがキャリア面談している中では、バーティカル、ホリゾンタルの両方のSaaSプロダクトを志向している方はあまり多くはなく、いずれかを好む傾向にあります。バーティカルSaaSを好む方はその業界に対して問題意識や親和性を抱いていることが多いかもしれません。ホリゾンタルSaaSを好む方は業界横断で多くのユーザーに使われたいといった思いや、自らが関わっていた業務（たとえば営業など）の課題解決をしたいという考えをもたれる傾向があります。

2-3-4 プロダクトフェーズ

── 3つのプロダクトフェーズのそれぞれの特徴

プロダクト開発はそのプロダクトのフェーズによって役割や優先すべきことが変化します。プロダクトマネージャーの現場では、0→1（ゼロイチ）、1→10（イチジュウ）、10→100（ジュウヒャク）という言葉がよく使われます。それぞれのフェーズの意味とプロダクト開発における重要アクションは図2-4の通りに表せます。

■ 図2-4　フェーズによるプロダクト開発の特徴

フェーズ	意味	重要アクション
0→1	0から新規にプロダクトをつくり出すフェーズ。MVPづくりがメイン	アイディエーションや徹底的なユーザーヒアリング
1→10	顧客がつきはじめ、さらに拡大したり単価上昇を狙うフェーズ	膨大な課題の中の優先順位判断やロードマップづくり
10→100	月間収支で黒字を維持できるようになるなど利益を稼ぐフェーズ	細かな機能改善を続けていきKPIを達成していく活動

0→1は0から新規にプロダクトをつくり出すフェーズです。MVP（Minimum Viable Product：顧客に価値を提供できる最小限の機能をもつプロダクト）づくりがメイン業務となります。アイディエーションや徹底的なユーザーヒアリングが重要となります。1→10は顧客がつきはじめ、さらに拡大したり

単価上昇を狙うフェーズです。膨大な課題の中の優先順位を判断したり、ロードマップをつくる業務がメインとなります。

10→100は月間収支で黒字を維持できるようになるなど、顧客の期待に応えることができている中で、さらに利益を稼ぐフェーズとなります。細かな機能改善を続けていきKPIを達成していく活動が重要なアクションです。これらの特徴はあくまでも各フェーズを相対比較したものであり、実際には企業やビジネスモデルやプロダクトによって重要となるアクションは変わります。

── 人材要件の違い

3つのフェーズごとに企業側が求める人材要件が若干異なります。0→1の新規立ち上げ人材を求めている企業、10→100のグロース人材を求めている企業など、どのフェーズを得意としているかによって企業からの評価が変わります。もちろん「自分は0→1人材になる」と新規立ち上げを主としてキャリアを築いていくことも素晴らしいですが、**プロダクトマネージャーとして市場価値を高めていくためには、複数のフェーズを担える人材になることをおすすめします。**キャリア面談をしていると、多くの方が「次は経験していない○○のフェーズをやりたい」と自ら異なるフェーズを志向されています。企業での選考を受ける場合は、自分がどのフェーズに強いのか、その企業のプロダクトがどのフェーズなのかをしっかり見極めるようにしましょう。

なお先述のように、メガベンチャーやIT大手企業などは複数事業、複数プロダクトを抱えていることも多く、フェーズの異なる事業が並存していたりもします。まずは自分が価値発揮できるフェーズから入り、社内で信頼貯金（社内におけるその人の信用や信頼の蓄積）を貯めたうえでこれまで経験のないフェーズにチャレンジをしていく、というプランを描いて入社するのも1つの選択肢といえるでしょう。

2-3-5 国内とグローバル

── 国内向けプロダクトの特徴

BtoCであれBtoBであれ、いま日本企業が提供しているプロダクトのほとんどは国内向けにつくられています。とくにBtoBのSaaSプロダクトは、日本の法規制や商習慣に基づいて機能が用意されています。たとえば会計SaaSなどは国内の会計基準や経理ルールに則っています。ヘルスケアSaaSであれば国内の病院や患者向けに提供されていることがほとんどです。そのため、国内企業でプロダクトマネージャーとして勤める場合は国内に閉じたプロダクトを開発することが多くなります。

── グローバル向けプロダクトに関わる3つの機会

一方で、グローバル向けのプロダクト開発に関わる機会は主に3つあります。**1つ目は日本で提供されている海外製プロダクトの開発に関わることです。**MicrosoftのOfficeやSalesforce、Adobeなどのプロダクトがこれに当たります。グローバルプロダクトの開発に関わりたかったり、グローバルな環境でプロダクト開発に携わりたい場合、これら外資系企業のプロダクトマネージャーになる道があります。しかし、これらの多くは本国で開発を行っており、プロダクトマネージャー職は日本に存在していません。存在しているとしてもリージョナルプロダクトマネージャーとよばれる、本国で開発されるプロダクトのローカライズや日本向け機能を担当する役目であったりと、グローバルプロダクトの開発に本格的に関わる機会は少ないことがほとんどです。

一方、Googleは本国以外でも世界各地で分散体制でプロダクト開発を行っている稀なケースです。Google以外にも同じようなグローバル分散開発体制をもつ会社もありますが、まだ一般的ではありません。

そのため、外資系企業において主力プロダクトの開発に関わるためには本社機能をもつ本国に行くか、本国と緊密に連携する会社を選ぶ必要があります（Googleのように例外的に日本からメインのプロダクト開発に関わる場合でも本社側への出張や日常的に発生するコミュニケーションがあります）。そのためには現地スタッフとコミュニケーションができるレベルの英語力（実質的にはネイティブレベル）が求められることに加え、シニアレベルのプロダクトマネジメント経験も必要になることも多く、かなりハードルが高い道といえるでしょう。

グローバル向けのプロダクト開発に関わる機会の**2つ目として、国内から海外マーケットに進出しているプロダクトに関わる方法があります。**BtoCであればメルカリやSmartNewsなどは海外でもマーケットシェアを勝ち取れている数少ないプロダクトです。一方で、現時点においては残念なことにBtoBのSaaSプロダクトの中で海外でも成功しているものはあまりありません。いくつもの国内SaaS企業が海外にチャレンジしていますが、いまだに大きなシェアをとれているものは多くないのです。

とはいえSaaSプロダクトの中でも「将来的には海外でもフィットするのでは？」「すでに海外でわずかながらではあるが売上が立ち始めている」というプロダクトや企業も現れています。また、グローバルプロダクトとまではいえないが、外国人エンジニアが社内に数名いるような開発組織も最近の主流です。日本人エンジニアが圧倒的に不足している昨今では、外国人エンジニアによる多国籍開発組織を目指す企業もあります。

グローバル向けのプロダクトに関わる機会としての**3つ目は、すでにグローバル展開している従来型の日本企業のうち、ソフトウェアの内製化を進める中でプロダクトマネジメントを強化している会社で働く方法です。**具体例としては、モビリティカンパニーへの転換を進めるトヨタ自動車傘下のWoven Planetです。同社には日本人も外国人もプロダクトマネージャーとして多く存在し、私たちからしてみると外資系企業のような採用活動をしているようにも見えます。トヨタやWoven Planetのように、グローバル展開している日系企業がプロダクト開発を強化すれば、そこにはグローバルプロダクトの開発へ参画できるチャンスがあるのです。

このように本書執筆時点では、グローバルと接点をもつプロダクトマネージャーになるための選択肢は多いものとはいえません。しかし、その分グローバル経験をもつプロダクトマネージャーは希少であり、価値が高くなっています。もし将来的にグローバルに活躍するプロダクトマネージャーを目指すのであれば、やみくもにキャリアを築いているだけではなかなか実現は難しいため、計画的に経験を積んでいくのがよいでしょう。

2-4 未経験からプロダクトマネージャーになるための職種別キャリアパス

ここまで、プロダクトマネージャーのキャリアステップやプロダクト分類についての基礎知識をお伝えしてきました。それらを踏まえたうえで、ここからは、未経験からプロダクトマネージャーに転身するための方法を解説していきます。大きく、社内異動と転職の2つのルートがありますが、本書では転職による方法を重点的に解説していきます。

2-4-1 社内異動ルート

社内異動の特徴は環境変化に伴うリスクが少なく、社内における信頼貯金を活用して転身できる点にあります。ジョブディスクリプションが細かく規定された海外企業と異なり、日本企業の場合はよい意味で異動による職種変更がしやすい環境といえます。

── アサインされる場合

スタートアップなどでは、創業者であるCEOから「明日からプロダクトマネージャーをやってくれないか？」という要請が突然起こったりします。大企業においても商品企画などを担当している人やDX担当者がプロダクトマネージャーに異動した事例が過去にありました。また、大企業には定期異動を行うところも多く、異動先がたまたまプロダクトマネジメント的な業務だったということもあります。

未経験からプロダクトマネージャーに異動した方の話を聞くと、元の職種は多様であり、エンジニアからセールスの方まで千差万別でした。とはいっても、経営者や上長は何も考えずにアサインしているわけではありません。「その人が優秀だった」「たまたま手が空いていそうだった」ということもあるかもしれませんが、ほとんどはプロダクトマネージャーとしての適性がありそうと判断したからでしょう。

── 自ら働きかける場合

一方で、経営者からの要請ではなく、自ら挙手をして社内異動を実現した事例もあります。自社でプロダクトマネージャーの採用募集をかけている場合、「自分で異動してその枠を埋めたい！」と積極的に考える方もいるでしょう。求められる人物像や人材要件にもよりますが、企業としても社内異動で人材を確保できればリスクやコストを抑えることができます。プロダクトマネジメントにまったく関与していない場合は難しいかもしれませんが、事業企画やエンジニア、デザイナーなど、プロダクトチームと一緒に動いたことのある職種の人であればチャレンジしてみましょう。

なお、最近では大企業を中心にFA制度（フリーエージェント制度）が存在します。これは「異動したい先の部署」から許可が出れば、「異動元の部署」からの許可がなくても異動できる制度です。この制度を利用してプロダクトマネージャーに転身できる可能性もあるでしょう。

── 社内異動のための3つのアクション

　このように、社内異動はローリスクで職種を変えられる大きなチャンスですが、現実的には社内異動は希望するタイミングで希望する部署にいけるとは限りません。「社内異動できたとしても数年後になってしまう」という求職者の声が大多数です。社内異動を実現するためにできることは次のようなことがありますが、アンコントローラブルなものといえるでしょう。

- **異動したい旨を声高らかに宣言する**
- **異動先部署の責任者に懇願する**
- **現部署で実績を出す**

　現実的には、社内異動ルートだけを考えるのではなく、転職ルートも視野に入れて可能性を探ることをおすすめします。

2-4-2 転職ルート

　社内異動が実現しない、もしくはすぐにかなわない場合、社外への転職も検討していきましょう。転職では自らが希望し、相手先企業が内定を出せば、転身できます。しかし、環境が大きく変わるため社内異動に比べてリスクも発生します。組織、同僚、働き方、人事制度、文化、評価制度など、すべてがいままでと異なります。この変化をポジティブにとらえられる人もいれば、ストレスを感じてしまう人もいるでしょう。

　また転職活動の場合、リファラル採用（知り合い経由での採用）以外では信頼や実績を知っている人が就業先にほとんどいません。書類や面接を通じてそれらを証明していく必要があるため、ハードルが一段上がります。結果として社内異動と比較すると「どんな職種からでもOK」というわけにはいかず、現実的には一定の職種からの転身に絞られているのが実態です。

近年では人生の中で転職をすることに抵抗感をもつ人も少なくなり、転職が自己実現のための有効な手段として認識されはじめています。第3章でプロダクトマネージャーへの転職活動の仕方を具体的に解説しています。

2-4-3 どんな経歴をもつ人がプロダクトマネージャーに転身しているか

── 職種によって可能性は異なる

未経験からプロダクトマネージャーにチャレンジする場合、どんな経歴をもつ方が転身を成功させているのでしょうか。社内異動の可能性と転職の可能性それぞれに対して職種別の転身のしやすさを図2-5に示します。「高」は転身しやすく、「低」は転身しにくいことを表しています。

これらはあくまでも私たちが見立てる可能性に過ぎません。「高」の場合でも実際には苦戦する場合もあれば、「低」の場合でも実績に応じて複数企業から内定を獲得する場合もあるでしょう。社内異動においても同様です。求職者から転職相談を受ける際に「どれくらい可能性がありますか？」「書類通過率はどの程度でしょうか？」という質問をよく受けます。質問の意図や気持ちはよく理解できるのですが、「人によって大きく異なります」というのが実情です。すべて通過する人もいれば、残念ながらご縁に恵まれない方もいます。**大事なのはその方の実績や志向、将来に対する熱量であり、他人の結果や事例に一喜一憂しないことです。**ここに示した転身の難易度はあくまでも一つの参考としてとらえてください。

■ 図2-5　職種別プロダクトマネージャーへの転身のしやすさ

元の職種	社内異動の可能性	転職の可能性
エンジニア	高	高
プロジェクトマネージャー／SIer	中	高
事業企画	中	中
経営コンサルタント	―	中
UIデザイナー／UXデザイナー	中	中
マーケティング（マーケター）	低〜中	低〜中
セールス／カスタマーサクセス	低	低
ドメインスペシャリスト	低	低

― 調査から見える傾向

2022年のプロダクトマネージャーカンファレンスで発行された「日本で働くプロダクトマネージャー大規模調査レポート2022」によると、プロダクトマネージャーが過去に経験した職種・経験の長い職種は図2-6のように分類されるようです。この結果は「プロダクトマネージャーになりやすい職種ランキング」ではありません。しかし現実としては、**エンジニアやプロジェクトマネージャー、事業企画などの職種での経験がプロダクトマネージャーに転身する際に貢献しているといえるでしょう。**これらの職種の特徴は「プロダクトマネージャー業務に近い業務に従事しているか」どうかです。実際の転職の現場では、これら以外にもセールス、マーケティングなどの営業人材や、経理や労務といったドメインスペシャリス

■ 図2-6　プロダクトマネージャーが過去に経験した職種・経験の長い職種

過去に経験した職種

Q：キャリア全体の中で、プロダクトマネージャー以外に経験した職種をすべて教えてください（複数選択）（n=677）

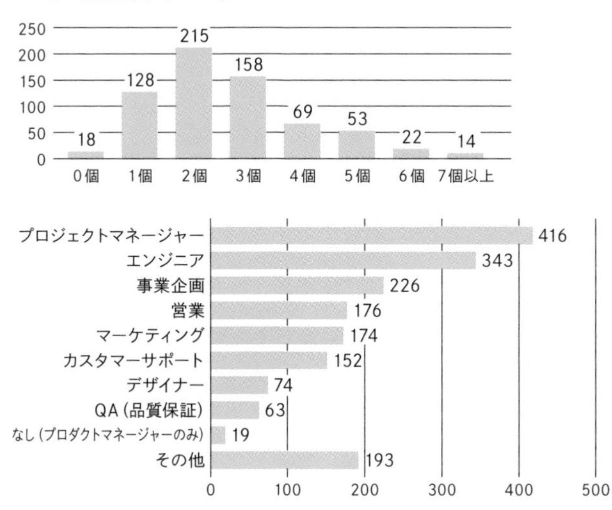

上のグラフは、（プロジェクトマネージャー以外で）過去に経験した職種の数です。1〜3個がマジョリティのようです。一方で、未経験からプロジェクトマネージャーになったと思われる「0個」は18名に留まっています。需要に対して、プロジェクトマネージャーの供給量が足りていないという話を耳にすることもありますが、調査を重ねていくことで、この数の割合が増えていく（未経験者をプロジェクトマネージャーとして育成していくケースが増える）のか、今後気になるポイントの一つです。下のグラフは、複数選択された項目をばらした、のべ数のグラフです。「プロジェクトマネージャー」「エンジニア」のいずれかをバックグラウンドをもつ人が過半数を占めるようです。

最も経験が長い職種（プロダクトマネージャー以外で）

Q：プロダクトマネージャー以外で、最も長く経験した職種を教えてください（n=677）

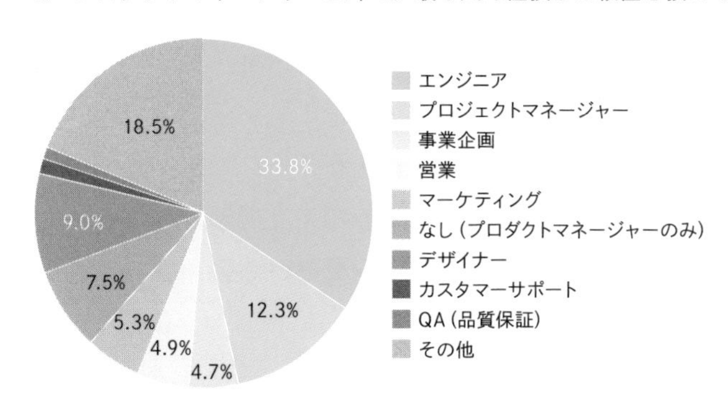

このグラフは、その中でも最も長くした経験した職種を単一選択してもらった結果です。こちらも上述のグラフと1番2番は逆転していますが、「エンジニア」「プロジェクトマネージャー」で過半数を越えます。
なお、「その他」を選んだ場合は、フリー記述もしていただきましたが、「ディレクター(n=10)」「Webディレクター(n=10)」がその他の中で多く書かれていたものでした。

（出典：日本で働くプロダクトマネージャー大規模調査レポート2022）

トとよばれるその領域の専門性が高い職種の転身例もあります。

以降では職種ごとにプロダクトマネージャーへの転身の事例や、企業からどのように評価されるかを紹介していきます。なお、プロダクトマネージャーとしての転職事例も多い「DX推進」は、職種ではなく役割であるためここでは言及していません。DX推進に関わる方でプロダクトマネージャーへの転職が可能な方も、ここではその職務内容に応じて、事業企画もしくはプロジェクトマネージャーの項目を参照してください。

2-4-4 エンジニアからの転身

エンジニアは社内異動、転職ともにもっとも可能性が高い職種です。現役プロダクトマネージャーの中でも、社内異動・転職ともにエンジニアからの転身事例をもっとも耳にします。これは、エンジニアからプロダクトマネージャーに転身したい希望者の割合が多いことと、エンジニア出身者（開発経験のある方）を採用したい企業側の思惑の両方が影響しています。

── 転身の主な動機

エンジニアや、エンジニアからプロダクトマネージャーになった方々の声を聞いていると、「エンジニアはいわれたものをつくるという役割が強いため、『何をなぜつくるか』という企画にも関わりたくなった」という志向をもつ方が多いようです。もちろん、開発すること、つくることだけを続けていきたいエンジニアもいます。同じものづくりであっても、何をつくるかから決めていく仕事、ユーザーの反応を見られる仕事を志したい方が転身しているようです。

── 企業側の視点

企業側から見ると、エンジニアリングをバックグラウンドにもつ方、もしくはエンジニア出身者の採用意向が強くなっています。私たちが普段クライアントである企業の方と話す際も、次のような声が多いです。

- **エンジニア経験のあるプロダクトマネージャーの方がよい**
- **プロダクトマネージャー未経験であってもエンジニア出身者であれば会ってみたい**

その理由として、プロダクトマネジメント業務の中でも進化の著しい開発業務への関わりの重要性は増しており、その業務経験をもっているかどうかが大事であるためです。エンジニアと共通言語で会話できるかどうか、エンジニアと協業しながら進めていけるか、という点をプロダクト開発における重要事項として企業が位置づけているということでしょう。

── 専門性による違い

また、エンジニアの中でもフロントエンドエンジニアはUIを担当するので、UX領域への興味からプロダクトマネージャーへの転身を考えることが多く、プロダクトマネージャーに比較的なりやすいでしょう。転身後はUXまわりから業務に携わることが多いように思います。

データサイエンティストや機械学習エンジニアはデータ分析を手掛けているため、プロダクトマネージャーに転身後もデータを見るところから担当できるでしょう。とくにグロース系の施策を推進する際は、企業側のデータも溜まっているために即戦力として期待されている可能性があります。

バックエンドエンジニアは、開発工数をある程度正確に見積もれるため、開発の優先順位付けの際に価値を出しやすいかもしれません。

一方で、インフラエンジニアからの転身はあまり多くなく、エンジニアの中でもプロダクトマネージャーへの転身が難しい職種といえるでしょう。

── 転身の可能性を高めるためのアクション

エンジニアからプロダクトマネージャーになる可能性を高めるためには「より企画系の仕事に携わる」ことが肝心となります。具体的には、次のような活動をおすすめします。

- **要件定義や仕様書作成から関わってみる**
- **依頼を受けた開発案件に対し、「なぜその機能が必要なのか」「この機能があることでユーザーへの価値はどう上がるのか（どう便利になるのか）」「どの順番で開発することがもっともビジネスインパクトにつながりそうか」といったことを考えてみる**
- **プロダクトマネージャーのユーザーヒアリングに同行してみる**

エンジニアの強みは開発経験ですが、弱みは企画の経験が不足している点です。「なぜそれをつくるか」や「事業収益につながるのか」の発想がやや弱い点にあるでしょう。このあたりを補ったり、その業務をしている人に少しでも関わることがプロダクトマネージャーへの近道になるはずです。

2-4-5 プロジェクトマネージャー／SIerからの転身

エンジニアの次にプロダクトマネージャーに転身している事例が多いのはプロジェクトマネージャーです。ここでいうプロジェクトマネージャーとは、自社サービスや自社システムのプロジェクトマネジメントをしている方に加え、SIerなどで他社サービスや他社システムのプロジェクトマネジメントをしている方も含みます。プロジェクトマネージャーは、事業会社での経験を有していればエンジニアと同様に社内異動も転職も可能性が高くなります。一方、SIerなどの場合は自社でシステムやプロダクトを有していないこともあり、プロダクトマネージャーのポジション自体が存在しないので社内異動の可能性はありません。

プロダクトマネジメントも基本的には自社向けの開発を指しているため、自社開発のプロジェクトマネージャーがプロダクトマネージャーへ転身しやすいといえるでしょう。

── 転身しやすい理由

プロジェクトマネージャーからの転身可能性が高い理由は、プロダクトマネジメント業務の中に、プロジェクトマネジメントも含まれているためです。プロダクトマネジメントとプロジェクトマネジメントの違いについては先述しましたが、**プロダクトマネージャーになるためにプロジェクトマネジメント経験が豊富であるにこしたことはありません。**要件を定義し、仕様書を作成し、工数を見積もってエンジニアへ依頼。そして進捗や品質を管理し、テストをしてリリースするといった業務はプロダクトマネージャーが担当すべきものの一つです。もちろんプロダクトマネージャーの業務は「リリースして終わり」ではないところに大きな違いがありますが、非常に近い経験・スキルセットなのです。

── 転身の主な動機

プロジェクトマネージャーは「なぜそのサービスやシステムをつくるのか」「何をつくるのか」というWhyやWhatに関わっていないことが多いです。すでにつくるものが決まったシステムに対して、「どうつくるか」が主となっています。それが背景となり、「WhyやWhatから関わりたい」というプロジェクトマネージャーの声や相談を数多く受けてきました。「自らつくるものを決めたい」という想いがプロジェクトマネージャーがプロダクトマネージャーを目指す大きなきっかけとなっているのです。

── 企業側の視点

採用する企業側の視点では、プロダクトマネージャーの一業務であるプロジェクトマネジメント経験のある方は未経験の中でも即戦力性が高いといえます。また、プロダクト開発といっても、特定の大手企業に向けてカスタマイズした機能を開発している企業もあり、そういった企業にはSIerの経験が非常にフィットしやすくなります。

大規模プロジェクト経験や、大企業クライアントが求める要求水準への理解、プロジェクトを進めるうえでの調整力などはスタートアップの人たちが苦手にしていることも多く、SIer出身者がすぐに価値を発揮しやすい部分でもあります。そのため、大手向けSaaS企業であったり、これから大手企業を攻めようとしているフェーズの企業などでの親和性が高くなるでしょう。これらの企業を見つけてチャレンジすることがSIer出身者にとっては大きなチャンスです。

しかし同時に注意する必要もあります。SIer出身者を求めていることはプロジェクトマネージャーがプロダクトマネージャーを目指すにあたってのチャンスになりますが、結局はプロジェクトマネジメントだけを任せられてしまうリスクも潜んでいます。求人票に書かれている業務が一時的なものか否か、**プロダクトマネージャーの仮面を被ったプロジェクトマネージャー求人ではないのかをしっかり見極めることが肝心です。**

2-4-6 事業企画からの転身

事業企画は、社内異動、転職ともに転身の可能性が中程度の職種です。業界や業務の領域に左右されやすい企画業務よりも、ある程度の普遍性のある開発経験の方が採用企業としては評価しやすいため、エンジニアと比べると可能性が一段下がります。

── 事業企画と事業開発の違い

事業企画に似ている職種として、事業開発があります。事業開発と事業企画は職種としての役割や意味合いがやや異なります。事業開発はその事業やサービスの立ち上げ期の職種であることが多く、まだサービスが固まっていなかったり、売り先も模索している途中だったりなど、試行錯誤段階です。そのため、計画や戦略を立てるというよりは、営業先を開拓する、アライアンス先を探す、サービスを磨くといったようなタスクが多くなります。場合によっては営業的な側面も求められる職種です。

一方、事業企画は、事業開発よりもフェーズが進んでいる場合の職種として位置づけられることが多いです。具体的には事業戦略を描く、予算配分を検討するといったようなプランニングや戦略系の業務が中心となります。

プロダクトマネージャーへの転身を考えると、事業開発よりも事業企画の方が可能性が高いといえます。**プロダクトマネージャー業務のうち、企画工程であるプロダクト戦略やロードマップを描く業務は、事業企画の業務と親和性が高いためです。**一方で、営業や開拓、アライアンス交渉などの業務は活かしづらいかもしれません。ユーザー理解が深いという観点でプラスになる面はありますが、あくまでもプロダクトマネージャー業務との親和性は事業企画に軍配が上がるといえるでしょう。

── 転身の主な動機

事業企画からプロダクトマネージャーになりたい人は、「事業ではなくものづくりに携わりたい」「ユーザーのために何かをつくりたい」「ユーザーがより便利になるものづくりをしたい」という想いをもっている方が多いようです。これは一つの傾向なので、自身の適正を見極めるための参考程度にとらえてみてください。

── 企業側の視点

企業側の視点では、企画寄りの戦略や企画立案業務に重きを置いている企業での採用可能性が高く、開発寄りのプロダクトマネージャーを募集している企業だと難しくなります。しかし、どの企業が企画寄り人材を求め、どの企業が開発寄り人材を求めているかは一概にわかりません。求人票を見たときに、より企画寄りのタスクが書かれているか、開発寄りのタスクが書かれているかは参考になるでしょう。

── 転身の可能性を高めるためのアクション

事業企画からの転身可能性を高める方法としては、とにかく開発側との業務経験を増やすことです。エンジニアと業務をする、自らアプリをつくってみる、要件定義や仕様書作成に関わってみるという形で、開発工程の経験を増やしていくしかありません。必ずしもコーディングができるようになる必要はなく、エンジニアチームとの業務経験や実績を積んでいくことをまずはおすすめします。

2-4-7 経営コンサルタントからの転身

経営コンサルタントや戦略コンサルタントとよばれる経歴の方がプロダクトマネージャーを志す事例が非常に増えています。すでに米国ではマッキンゼーやボストンコンサルティンググループといった戦略コンサルティングファームの人がプロダクトマネージャーに転職する事例が当たり前になりました。その波が日本にも遅れてやってきているのかもしれませんが、日本でもプロダクトマネージャー職の普及に伴い、その魅力にチャレンジする経営コンサルタントの方が増加しています。

── 転身の主な動機

経営コンサルタントの方がコンサルティングファームに中長期で在籍することはあまり多くありません。ほとんどの人は所属しているファームを去り、事業会社へ転職していきます。職種は、経営企画、事業企画、事業開発などのビジネス系職種が多く、責任者の場合はCxOや事業部長、事業責任者など多岐にわたります。こうした選択肢の中にプロダクトマネージャーも加わりました。経営の仕組みづくり（経営企画）や、事業戦略策定（事業企画）だけでなく、ものづくりやサービスづくりにも関わりたいという経営コンサルタントに注目され始めています。

── 企業側の視点

経営コンサルタントは、コンサルティングファーム内に自社プロダクトがないため社内異動でプロダクトマネージャーになることはできません。しかし、事業企画同様に戦略立案能力や分析能力が長けているため転職可能性は中程度です。エンジニアや開発バックグラウンドを求める企業にはミスマッチとなってしまいますが、プロダクトマネジメントの企画工程であるロードマップ立案やプロダクト戦略づくりを担ってもらいたい企業においては可能性が大いにあるといえます。さらには、経営コンサルタントであればいわゆるロジカルシンキング力が高く、キャッチアップ速度も早いため、未経験であっても重宝されることがあるようです。

── 転身の可能性を高めるためのアクション

とはいえ、開発側の知識や経験、肌感覚がほぼないともいえるので、現在の日本の転職市場ではマッチする企業を探すことは大変かもしれません。しかし一定数の企業には「コンサルファーム出身者に来て欲しい」というニーズもあるため、あきらめずに探したり、キャリアアドバイザーに相談すると可能性が広がるでしょう。さらに、可能性を高めるのであれば、ITに関連するプロジェクト（とくにシステム開発が伴うもの）に参画したり、要件定義や仕様書作成の経験を積んだりできるとプラスになります。また職業柄、さまざまな企業やプロダクトを分析したり比較したりするはずなので、その観点で**応募する企業の分析や「自分だったらこうする」というプランを立ててみるのもおすすめです。**なお経営コンサルタントであっても、前職や現職で開発業務を担っていたり、デザイン業務を担った経験のある方であればかなり優位に転職が実現するかもしれません。

2-4-8 UIデザイナーやUXデザイナーからの転身

ここではUIデザイナーとUXデザイナーをひとくくりにまとめていますが、両者の業務内容は大きく異なります。ただ実態としては、会社によって、UIデザインとUXデザインを同じ人が担当していることもあります。いずれの職種についても、社内異動・転職ともに可能性は中程度です。

── 転身の主な動機

UIデザイナーはいわゆるデザイナーを指すことが一般的です。ワイヤーフレームを作成したり、画面上のボタンの形状や大きさを考えたりと、プロダクトのインターフェースの担当者をUIデザイナーとよんでいます。デザインだけに関わるのではなく、プロダクトづくりそのものに興味をもたれる方が転身を志す傾向にあります。もしくは社内の組織体制の都合上、「デザインだけでなくプロダクト全般も見てくれないか」という依頼があり、社内異動の事例もあるようです。

UXデザイナーはプロダクトのユーザー体験を向上させるミッションをもっています。具体的には、ユーザーリサーチ、カスタマージャーニーマップの作成、ABテストなどを実施します。また、このユーザーリサーチ・分析のスペシャリストをUXリサーチャーとよびます。

── 企業側の視点

UXデザイナーやUXリサーチャーはユーザーインタビューを実施し、プロダクト企画に携わった経験を有しています。そのため、事業企画と同様に、**企画業務は強いが開発業務は弱いと認識されやすくなります。**未経験者を募集している企業の中で、より企画寄りやユーザー寄りの経験をもつ人を探している企業とマッチする可能性があるでしょう。一方で、開発経験は乏しいことが多いので、エンジニアとの業務経験を増やしたり、開発業務に携わる経験を増やせるとベストです。

── 転身の可能性を高めるためのアクション

デザイナーやリサーチャーは組織の中でも人数が少ないため、クリエイティブ領域やUX領域の専門家として一人でその職務をまっとうする形で働いていることが一般的です。しかし、プロダクトマネージャーになるとチームを率いることが求められます。現職では関わることがあまりないチーム外のステークホルダー、たとえば営業や開発陣、時には法務の方々などとも関わる必要が出てくるので、リーダーシップの力を高めておくとよいでしょう。さらに、事業企画からの転職と同じように、開発側との業務経験を増やすことが望まれます。それに加えて、ロードマップ作成のようにUIだけにとどまらない広い視点でプロダクトをとらえたり、事業収益を考えられるように、プロダクトマネージャーの業務と関連性のある経験を積んでおけば転身の可能性が高まるでしょう。

現在、UIデザイナーやUXデザイナーからの転身事例はあまり多くありません。職種の人口が少なく、私たちのところへ相談に来られる方もエンジニアや事業企画人材と比べると少数です。一方で社内異動でプロダクトマネージャーになられた方は一定数見聞きしてきました。上記の通り、

UIデザイナーやUXデザイナーはプロダクトマネージャーへ転身するのに適した職種ですので、デザインだけでなくプロダクトやビジネス領域までキャリアを伸ばしたい方にはおすすめのキャリアステップです。

2-4-9 マーケティング（マーケター）からの転身

マーケティング職は、社内異動・転職ともに可能性が低〜中程度です。マーケティングには大きくわけてオフラインマーケティングとオンラインマーケティング（Webマーケティング）の2つの職種があります。いずれにしろITプロダクトやIT製品を扱っていないマーケターからプロダクトマネージャーへの転身は、社内異動・転職ともに難しいといえるでしょう。扱っている商材がITに関連していることが重要な要件となるためです。

── 転身のための考え方

オフラインマーケティングの場合、ITプロダクトを扱っていたとしても、CMや雑誌・広告といった非Web媒体が主戦場となります。そのためプロダクトマネジメントとの親和性は低く、社内異動・転職のいずれも簡単ではないでしょう。しかし、マーケティング戦略立案であったり、ブランド戦略などの経験がある場合、プロダクトマネジメントの企画工程で活かせる可能性があります。ブランドマネージャーという職種である場合、ブランドの商品戦略からマーケティング戦略、事業収益なども業務範囲に含まれているため、プロダクトマネージャーとして即戦力になるかもしれません。自身がマーケティングのどのプロセスを担っているかを知り、プロダクトマネージャーに転身できるかを考えていきましょう。

Webマーケティング経験者の場合、ITプロダクトのプロモーション、LP（製品のランディングページ）作成の経験を有していると、プロダクトマネージャーへの転身は社内異動、転職ともに可能性が広がります。また、オフラインマーケティングと同様に、マーケティング戦略などから携わっている場合も転身しやすくなるでしょう。しかし、SEO対策や、マーケティングの運用業務だけの経験である場合、転身は難しくなるかもしれません。その場合は少しでも戦略立案やプロダクトのプロモーションに関われるように業務の幅を広げていくことをおすすめします。

なお、最近ではオフラインマーケティングとWebマーケティングの職種をまとめて一人が担当している場合もあります。

── PMMからのアプローチ

昨今ではPMM（プロダクトマーケティングマネージャー）とよばれる職種も存在します。PMMは社内異動・転職ともに可能性が中程度です。PMMとは、プロダクトとマーケット（ユーザー）をつなぐ役割を果たす存在であり、ユーザーが求めているプロダクトニーズを引き出したり、完成したプロダクトをユーザーに届けていく手段を考えたりします。企業によってはPMM業務をプロダクトマネージャーが担っている場合もあれば、あえてこれらの業務をプロダクトマネージャーからは切り離し、別職種として設けている場合もあります。そして、マーケティング経験者はこのPMM業務への親和性があります。そのため、**まずはPMMへ転身し、そこで経験を積んだうえでプロダクトマネージャーに転身することも可能です。**

2-4-10 セールスやカスタマーサクセスからの転身

セールスやカスタマーサクセスからは、社内異動・転職ともに可能性は低くなります。これらの職種はプロダクトマネージャーと連携する職種ではありますが、企画業務も開発業務も経験していないため、即戦力になりにくいためです。残念ながらセールスやカスタマーサクセスの方が転職でプロダクトマネージャーに転身した事例はほとんど見かけません。プロダクトマネジメントについての理解や知識が豊富な場合は、転職に成功されている人も稀にいます。

── 強みと転身の主な動機

一方で、社内異動の方が若干可能性が高いかもしれません。セールスやカスタマーサクセスはクライアントと直接関わっていることが多いため、顧客ニーズを日々耳にします。つねにユーザーが訴える課題や要望であったり、不具合などに触れており、その分だけ「次にどこを改善したらいいか」の勘所をもっています。もちろんプロダクトマネジメントにおいては、ユーザーの要望を反映することがすべてではありませんが、ユーザー理解なくしてプロダクトがよくなることは決してありません。「カスタマーサクセスとしてユーザーのオンボーディングや利活用の活性化に携わっているうちに、自らプロダクトづくりに関わりたくなった」ことが転身のきっかけとなるようです。

── 転身の可能性を高めるためのアクション

プロダクトマネージャーへの転身を志すのであれば、少しでもプロダクトマネージャーと接する業務を増やしたり、自らの改善提案がどのようにプロダクトに反映されるかをウォッチしたり、営業現場にプロダクトマネージャーに同行してもらったりするなどのアクションをとるのがよいでしょう。**ポイントは「プロダクトマネージャーに異動したい。なりたい！」という希望をつねに積極アピールすることです。**社内異動は希望すればかなうものではないため、確実性のないアクションではあります。しかし、企業や人事が「熱量のある人の希望をかなえてあげたい」と考えるのもまた真実です。未経験からのチャレンジは簡単ではありませんが、いまの環境で信頼貯金を貯め、プロダクトマネージャーになりたい熱量を伝えて、目指してみてください。

2-4-11 職種・業種の専門家（ドメインスペシャリスト）からの転身

2022年に入ってドメインスペシャリストという言葉を耳にする機会が増えました。ドメインスペシャリストとは「その領域の専門家」という意味であり、その企業が手掛けるサービスの専門家を指しています。人事労務向けのプロダクトであれば人事や労務の方が、会計系プロダクトであれば経理や財務の方が、物流Techが手掛けるプロダクトであればロジスティックス業務の方が該当します。彼・彼女らの多くはSaaS企業で登用されており、「SaaSプロダクトのターゲットユーザーとなる職種」がドメインスペシャリストに該当します。

最近ではドメインスペシャリストからプロダクトマネージャーに転身する事例が出始めています。当初は社内異動が主流でしたが、「プロダクトマネージャー経験がなくても経理経験があれば構いません」という求人も目にするようになりました。しかし、ドメインスペシャリストは、まだその職種自体の普及、認知が進んでいないことからも社内異動、転職ともに可能性が低くなっています。

── 企業側の視点

セールスなどと同様にプロダクトマネジメント業務の経験はほぼない場合でも、特定の知識や業界に詳しいことで、ユーザー目線でプロダクト開発に携わることが可能になります。ドメインスペシャリストが自社にいることでその領域についてすぐにヒアリングできるようになるのです。わざわざクライアントへインタビューを実施しなくても社内の経理専門家に聞けば、経理の方のペインやニーズを把握できます。こうしてドメインスペシャリストがプロダクト開発に携わるという流れが生まれました。そこから「ドメインスペシャリストがプロダクトマネージャーになったらもっと早いのでは？」という流れになります。このようにしてドメインスペシャリストをプロダクトマネージャーとして求める企業が誕生しました。

── 転身現場の状況

ユーザー業務を正しく理解しない限りは、ユーザーが抱えるペインも業務課題も解決できません。あるドメインスペシャリストをプロダクトマネージャーとして採用した企業にヒアリングしてみると、ユーザー経験者がチームに1人いるだけでチームの雰囲気がガラッと変わるそうです。これは会計系SaaS企業の方に伺った話なのですが、会計用語でいう「仕訳」という作業においても、エンジニアは「登録・入力作業」とよんで機能をつくってしまうそうです。一方で、経理経験があるプロダクトマネージャーは「仕訳を切る」とよぶそうです。これは経理の世界では当たり前の単語であり、「登録する・入力する」ボタンよりも「仕訳を切る」ボタンのほうが実態に即しているとのことでした。**この微妙なニュアンスの違いでプロダクトの世界観がまったく変わってくるのです。**

このようにその領域の専門家であるドメインスペシャリストを求める企業は少しずつ増えています。ただ、本書執筆時点ではまだまだ多くの企業で募集実績がありません。メガベンチャーのような比較的規模があり、プロダクトマネージャー組織も充実している（具体的には2桁人数いるような）企業での事例が多いようです。

ドメインスペシャリストの方がプロダクトマネージャーになりたいという相談もまだ多くはありません。おそらく「ITに詳しくない自分がそんなエンジニアっぽい仕事ができるのか」と考えているのかもしれません。なによりプロダクトマネージャーという職種自体が認知されていない可能性の方が高いとも思います。しかし、経理や人事労務などの職種のスペシャリスト、もしくは物流や建設、医療などの業界のスペシャリストからの転身は非常に大きな可能性を秘めています。

2-5 未経験からプロダクトマネージャーになるためにやったほうがよいこと

ここまでは、レベル別の役割や、職種別のプロダクトマネージャーへの転身事例を紹介してきました。しかし、未経験からプロダクトマネージャーになろうとしても、そう簡単にいくものではありません。これは社内異動でも転職でも同じです。異動先や採用する企業としては、「即戦力となる経験者の方がよい」という考えが当たり前であり、育成コストのかかる未経験者は優先順位がどうしても劣後してしまいます。

そんな中でも未経験からプロダクトマネージャーに転身された方は少なくありません。本節では、未経験から見事チャレンジを成功させた方の事例などをもとに、未経験からプロダクトマネージャーになるためにいまからやったほうがよいことを5つ紹介します。なお、「やっておかないと絶対になれない」わけではないのでご安心ください。

2-5-1 必要な能力を学ぶ

プロダクトマネージャーになるために必要なスキルは1-3節「プロダクトマネージャーに必要な能力」を参考にしてください。ここではどのようにスキルを学んでいくか、その手段についていくつか例を挙げます。

プロダクトマネージャーを目指す方向け、もしくはプロダクトマネジメントへの理解を深めたい方向けの書籍やWebページなどは数多く存在します。まずはこれらのコンテンツに目を通し、プロダクトマネージャーの業務、能力を広く理解することから始めましょう。とくに知識として知っておくべきことは、書籍やWebコンテンツから情報が得やすいです。

── おすすめの書籍

おすすめの書籍を以下に紹介します。プロダクトマネージャーとしてのキャリアを目指すのであれば、最低限目を通しておく必要があります。

- **『プロダクトマネジメントのすべて ── 事業戦略・IT開発・UXデザイン・マーケティングからチーム・組織運営まで』**
（及川卓也、曽根原春樹、小城久美子 著、翔泳社、2021）
プロダクトづくりとは、という基礎から実務に役立つ具体的な手法まで網羅されているプロダクトマネージャー必携の一冊です。

- **『INSPIRED ── 熱狂させる製品を生み出すプロダクトマネジメント』**
（マーティ・ケーガン 著、神月謙一 訳、佐藤真治／関満徳 監、日本能率協会マネジメントセンター、2019）
シリコンバレーで行われているプロダクトマネジメント手法を紹介しているほか、プロダクト開発チームの組織構成や製品開発のテクニックなどが具体的な方法論と共に紹介されています。

- **『PLG プロダクト・レッド・グロース ──「セールスがプロダクトを売る時代」から「プロダクトでプロダクトを売る時代」へ』**
（ウェス・ブッシュ／UB Ventures 著、八木映子 訳、ディスカヴァー・トゥエンティワン、2021）
Zoomをはじめとした新時代のビジネスインフラを担う企業の成長の秘密はPLGであると説き、そのメリット・デメリット、自社のプロダクトが適しているかの判断や実施のノウハウまでが解説されています。

── おすすめのWebコンテンツ

Webにも有料、無料のコンテンツが多くあります。『プロダクトマネジメントのすべて』の著者でもある曽根原春樹氏はUdemy上でオンラインコースを開いています。

- **「プロダクトマネジメント入門講座：作るなら最初から世界を目指せ！シリコンバレー流Product Management」**
  (https://www.udemy.com/course/introduction-to-pm/)

そのほかにも、メディアプラットフォームのnoteにはプロダクトマネージャーの情報をまとめた記事が多数あります。その中には、未経験からプロダクトマネージャーになるために何をしたのかというテーマや、シニアプロダクトマネージャーが新人プロダクトマネージャーを育成するために何をしたのか、というテーマもあります。

Twitterには現役プロダクトマネージャーの方が多くいます。日々のプロダクトマネジメントの悩みやチャレンジしたことなどの共有や、自社のプロダクト組織の特徴をつぶやいたりなど、非常に勉強になる情報を見つけることができるはずです。プロダクトマネージャーとしてのあるべきマインドやあるある事例などもたびたび見かけます。

私たちもキャリアアドバイザーの視点からPodcastやnoteによる発信を行っており、未経験からプロダクトマネージャーへの挑戦をテーマにした内容も多く配信していますので、あわせてご確認ください。

- **Podcast　：プロダクトマネージャーのキャリアラジオ**
  (https://anchor.fm/kreis-pm)

- note　　　　　　：（多分）PMに日本で一番会っているエージェントのキャリアnote（https://note.com/pdm_kandc）
- 特集Webページ：プロダクトマネージャーのキャリア・転職支援（https://www.kandc.com/eng/）

─ プログラミング・データ分析スキルの勉強法

一方、知識ではなく技能としてはプログラミングスキル、データ分析スキルなども勉強しておくことをおすすめします。プログラミングスキルを身につけるための方法はいくつかあり、以下がその代表的なものです。

- スクール
- 学習アプリ
- 書籍
- 学習サイト

スクールはレベルに合わせた講座を受けられる、励まし合える仲間がいるなどのメリットはありますが、どうしても費用が掛かりますので、経済的なハードルが高い学習法です。

学習アプリは基礎中の基礎の部分は無料、実際に動くレベルのものをつくる段階では有料となることが多いです。

書籍は書店やウェブ書店において多くの選択肢がありますので、初心者向けの気になるものを手に取ってみるところから始めるのもいいでしょう。ほかの選択肢のように続けることを促されたり、励まされたりする仕組みはないので、勉強継続への強い意志は必要です。

学習サイトも検索すれば数多く出てきます。費用や学習期間、目標設定の仕方などから自身に合ったものを探していきましょう。これらのどれか一つではなく、いくつかを併用しながら学ぶ方が多いようです。

データ分析スキルはプログラミングスキルが基礎となる部分も多いのですが、プロダクトマネジメントの現場でデータ分析のためによく使われているのはSQLです。SQLはシステム上のデータベースに蓄積されている大量のデータ、情報にアクセスするためのデータベース言語です。データの検索、取得、更新、テーブルの作成などに活躍します。担当プロダクトに何が起きているのかを定量データから示唆を得て、次の一手につなげる重要なスキルです。やはりこちらもスクールや書籍、学習サイトなどで学べる内容となっています。

2-5-2 何でもいいのでプロダクトをつくってみる

── 自分で勝手に始める

プロダクトマネージャーになりたくても、プロダクトマネージャー業務を経験しなければ、採用してくれる企業はなかなかありません。そこでまず**有効なのは、「いまの環境で何でもいいからプロダクトをつくってしまう」作戦です**。社内異動ができたり、プロダクトマネジメントに触れることができればベストです。しかし実際にはそんな簡単ではないはずです。

そうであれば、自分で何かを勝手につくってしまえばいいのです。個人でも、AppStoreのような各種マーケットプレイスに載るようなアプリを開発したり、メディアをつくることが簡単な時代になっています。稀に「自分でアプリをつくっています」「○○というサービスを簡単につくってみているのですが、これは経験になりますか？」という話が未経験者から出ることがあります。こういった方は自らコーディングをしていたり、ユーザーインタビューの経験があったりするため、まさにプロダクトマネジメントに携わっているといえるでしょう。

もちろん業務として週5日間関わっているわけではないため、経験量や実績としては乏しいかもしれませんが、何もないよりは遥かにプラス要素となります。「プログラミングなんてやったことないし……」とためらってしまう気持ちもわかりますが、いまためらっていたらプロダクトマネージャーになれたとしても避けてしまうかもしれません。「自分はプログラミングをするわけではない」と壁をつくってしまわないために、まずは何かしらでもいいので自ら手を動かし、ものづくりプロセスを経験してみてください。

── 副業的に始める

また別の手段として、副業的に関わるというのもよいでしょう。プロダクトマネージャー経験がないと副業としてプロダクトマネジメントに関わるのは簡単ではないかもしれませんが、もし仲のよい友人がスタートアップにいれば頼み込んでみてもよいかもしれません。大事なのは、「未経験でいける求人ないかなぁ」と口を開けて待つだけになるのではなく、自ら行動をして少しでも可能性の上がる行動をとっていけるかです。ゼロから新しいキャリアを目指すのは簡単なことではないので、積極的な気持ちでアクションをしてみてください。

2-5-3 他職種との接点を多くもってみる

プロダクトマネージャーが他職種の人と多く関わる仕事であることはこれまで述べてきた通りです。ですので未経験でも他職種への理解が深い方が、転身できる可能性が高くなります。そのため**ぜひ試みてもらいたいのは、いまの自分の役割を越えて多様な仕事に首を突っ込んでみる活動です。**

もっとも意味があるのが、プロダクトマネージャー業務への越境です。プロダクトマネージャーの打ち合わせへ参加するようにしたり、意思決定の仕方、優先順位の決め方、ユーザーへのヒアリング、エンジニアとの打ち合わせなどに出てみるときっと参考になる部分が多いはずです。

ただ、これが最初からできれば苦労はしません。プロダクトマネージャーとの接点をあまりもてそうになければ、他職種への越境でも問題ありません。エンジニアであれば、セールスや事業企画の業務に顔を出してみましょう。ユーザーがどんな課題をもっているのか、セールスはなぜ顧客の声をもって帰ってくるのかなど、エンジニア業務の先にあるユーザーの顔がきっと見えるはずです。

逆にセールスやカスタマーサクセスであれば、エンジニアやデザイナーの業務に越境してみることをおすすめします。プロジェクトマネージャーならば、Whyの意思決定にかかわる打ち合わせに同席させてもらったり、営業に同行してユーザーインタビューしてみたりもよいでしょう。

つくるプロセスばかりにフォーカスするのではなく、「なぜ・何をつくるのか」を体験できれば、また違う観点を養えます。ドメインスペシャリストであれば、自らの業務を効率化するために他職種の方を頼ってみてもいいかもしれません。

いくつか例を挙げましたが、大事なのは自分の業務範囲を少しでも飛び越えて、越境することです。とはいえ、ただやみくもに越境すればよいわけではありません。プロダクトマネージャーの業務を正しく理解し、プロダクトマネージャーが関わる他職種の人に狙いを定めて、他職種の方の業務理解を深めていくことが肝心です。

2-5-4 好きなプロダクトの改善案を考えてみる

未経験であってもプロダクトマネージャーになったつもりで日々生活をすることで、プロダクトマネージャーの考え方に近づくことができます。具体的には、何でもよいので自分が好きなプロダクトの改善案を考えたり、「自分だったらこうする」というプランをつくったりしてみてください。

これは未経験者だけにおすすめするものではなく、現役プロダクトマネージャーにも心から推奨したい考え方です。とにかくさまざまなプロダクトに関心をもち、当事者意識をもってみることが肝心です。具体的には図2-7のようなプロダクトの改善案を考えるための6ステップを参考にしてみてください。

■ 図2-7　プロダクトの改善案を考えるための6ステップ

思考タイプ	具体例
問題を把握する	○○が使いづらいのではないか
原因仮説を考える	それは○○が理由でそうなっているのかもしれない
改善の方向性を決める	○○となったらきっと使いやすくなるだろう
実現させる手段を考える	そのためには○○を施す必要があるはずだ
顧客価値を想像する	そうすればきっとユーザーは○○となるはずだ
インパクトを考える	結果として○○に効果が出るであろう

これらはあくまでも仮説や仮案で構いません。正解はないですし、実際にそのプロダクトの担当になってみないとわからない情報も多くあるはずです。**肝心なのは当事者になったつもりで考えてみることであり、「自分だったらどうするか？」という思考を習慣にできるかどうかです。**この思考を日常的にしていくことで、つねにプロダクトマネージャー視点に立って考えることに近づけるでしょう。

しかし、「やみくもに改善を挙げればよい」というわけでもありません。どんなに優れたアイデアであっても、予算も人員も時間もなければ開発を進めていくことは不可能です。逆にいうと、いまその課題があるということは、何かしらの制約だったりできない理由があるのかもしれません。「○○の機能がないからダメだ！」というクレーマーになるのではなく、その裏側まで察してみることでクレーマーと、プロダクトマネージャーの違いが鮮明になるでしょう。

具体的には「○○を導入できないのはきっと○○の制約があるからではないか」「きっと○○を優先しているのではないか」という視点です。理想を掲げるのは誰でもできることかもしれません。理想の後に現実に立ち戻り、リアルな開発現場を想定できればよりレベルの高い仮説となるでしょう。面接などでその仮説をぶつけてみれば、きっと「当事者意識の高い優秀な方だ」と思われるはずです。とはいえ、改善案を見せびらかすようにアピールしてしまうとマイナスの印象にもなるので、程度には気をつけてください。

なお、これらは転職活動を実際に進めるうえでも非常に大切なポイントですので、第3章の転職活動の7ステップでも異なる視点を紹介します。

2-5-5 現役プロダクトマネージャーの話を聞いてみる

── プロダクトマネージャーへのアプローチ

プロダクトマネジメントに関する書籍やブログ、Twitterなども増えてきました。そのため未経験者であっても事前知識をたくさんもてる状況になっています。しかし、みなさんは一次情報に触れているでしょうか。プロダクトマネージャーたる者、ユーザーヒアリングとしての一次情報をとりにいく行動力が大事ですし、リアルなプロダクトマネジメントを知ることは欠かせません。

本書を読んだらぜひまわりにいるプロダクトマネージャーに連絡をし、

業務の実態や考え方、どのようにプロダクト開発に携わっているかを直接聞いてみてください。もし可能であれば一人ではなく複数人の声を聞くとよいでしょう。

プロダクトマネジメントはまだ学問的に確立されている分野ではなく、人によって考え方やアプローチの仕方は異なります。ましてやプロダクトやユーザーが変われば三者三様のプロダクトマネジメントが存在します。複数の先輩プロダクトマネージャーの声や考えを聞き、自分なりのプロダクトマネージャー像をイメージしていくことをおすすめします。

― プロダクトマネージャーが近くにいない場合のアプローチ

では周囲にプロダクトマネージャーがいない方はどうするか。その場合は3つのアプローチがあります。

1つ目はカジュアル面談プラットフォームなどを利用して、現役プロダクトマネージャーに面談を依頼してみるのがよいでしょう。自分が未経験者であっても、話をしてくれる人がきっと見つかるはずです。

2つ目はTwitterでプロダクトマネージャーに直接連絡する方法です。多様な職種の中でもプロダクトマネージャーのTwitter出現率は高く、発信している内容も濃いことが多いです。DMなどを使って「話を聞かせてくれませんか」とアプローチしてみるのもよいでしょう。

3つ目はプロダクトマネージャーが集うイベントに参加してみることです。オフラインイベントがベストですが、リアルな場での実施がない場合は、まずはオンラインイベントで参加してみましょう。一方的に話を聞くだけ（発信を受けるだけ）でも意味はありますが、可能であればネットワーキングタイム（交流会）があるイベントや、Q&Aがあるセミナーだと双方向にコミュニケーションがとれるはずです。

2-6 プロダクトマネージャーを目指す人が身につけておきたい5つのマインドセット

プロダクトマネージャーは多様なステークホルダーを率いていく存在です。そのため、スキルだけでなくプロダクトマネージャーならではのマインドセットをもっている必要があります。優秀なプロダクトマネージャーと話をすると彼ら・彼女らに共通するマインドセットが必ずあります。その5つのマインドセットを紹介します。

2-6-1 知的好奇心

数多くのプロダクトマネージャーと話をしていて感じるのは、まず好奇心が圧倒的に強いという点です。優れたプロダクトマネージャーだと思う人ほどその傾向が強い印象があります。ここでいう好奇心とはもちろんプロダクトに対する好奇心を指しますが、それ以外にもユーザーに対する好奇心、ビジネスモデルに対する好奇心、人間に対する好奇心など、幅広いものです。世の中のすべての事象に対して好奇心を強くもっておく必要があるとはいいませんが、**あらゆるものに対する好奇心の強い人はプロダクトマネージャーに向いているマインドをもっているといえるでしょう。**

ではなぜ好奇心の強い方が向いているのか。それはプロダクトマネージャーは引き出しが多ければ多い方がよい職業であるためです。引き出しとは、2-3節で紹介したBtoCとBtoB、0→1や1→10や10→100、ホリゾンタルとバーティカル、国内とグローバルといったようなプロダクトの分類と、そこで直面する数々の課題の解決手段です。優れたプロダクトマネージャーはこのような引き出しの数が多く、プロダクト課題に対する打ち手が豊富だったり多様だったりします。しかし、多様な種類のプロダクトを一度の人生ですべて経験することは難しいため、いかに日々の暮らしの中で妄想できるかが肝心です。

自分が開発しているプロダクトだけでなく、自分のスマホに入っているプロダクト（アプリ）、巷で話題になっているプロダクト、知り合いが勤めている企業のプロダクトを自分事として考えられるかどうかが肝心です。つねにさまざまなプロダクトに対して好奇心をもち、当事者意識をもって「自分ならああする、こうする」と考えられる人は、結果として引き出しの数が多くなるでしょう。また、好奇心が強い人は「なぜユーザーは○○と考えるのだろう」とユーザーが抱える真の課題やペインはどこにあるか、という点にも強い興味をもっています。そのため、本質的な課題解決にたどり着く可能性が高く、ユーザーが喜ぶプロダクトを開発できるようになるのです。

2-6-2 強いこだわり

物事に対してこだわりがあり、ある一面では頑固すぎるような人はときとして嫌われてしまう傾向にありますが、プロダクトマネージャーはある程度こだわりを強くもてる人が向いています。それはプロダクトマネージャーがエンジニア、デザイナー、セールス、事業企画などの多様なステークホルダーと関わるためです。

加えて、大きな方針を決める経営陣であったり、プロダクトを使うユーザーだったりにも囲まれます。このような多様なステークホルダーが関わるチームやプロジェクトを率いていくにあたっては、ビジョンやストーリーの伝達能力が非常に大事になります。

- なぜ○○をするのか
- それはどういった方針からきているのか
- ○○をすることでユーザーはどうして喜ぶのか

といったようにその想いやビジョンから伝えることで、正しくその意図が伝わり、チームとしての一体感が生まれ、スピード感をもったものづくり体制が構築されるようになります。

また、プロダクト開発をしている場合には以下のようなさまざまな意見が飛び交います。

- セールス「ユーザーが○○の不満を抱えているので改善して欲しい」
- エンジニア「○○という機能を入れたい。きっとユーザーが喜ぶはず」
- デザイナー「この○○の画面にはこだわりたい」

それぞれのプロフェッショナルがベストだと思う方針やアイデアをプロダクトマネージャーにぶつけてくるのです。これらをすべて受けきっていたらきっとそのプロダクトは複雑怪奇なプロダクトに変異してしまうでしょう。そうならないためにもプロダクトマネージャーは優先するものを見極め、こだわるところをやりきり、やるべきでないところを切り捨てる必要があります。

プロダクトマネージャーが集まるカンファレンスで「プロダクトマネージャーって面倒くさい生き物だよね」という話が盛り上がることがありました。日々業務で関わるエンジニアやデザイナーにとってプロダクトマネージャーは、「いつも細かいことをいってくる人」「こだわりが強くて譲らない頑固な人」「想いをもってるがゆえにうるさい人」という存在かもしれません。

これは不満や文句ではなく、おそらく褒め言葉としてとらえてもよいはずです。**チームメンバーへの配慮やリスペクトはもちろん必要ですが、迎合したりいいなりになればよいものでもありません。**自らの強いこだわりを実現するために、時にエンジニアにとって面倒なことを依頼したり不都合なことも伝えたりしなければなりません。そのため、「嫌われたくない」と思ってしまうと、おのずと遠慮がちになってしまいます。「プロダクトマネージャーなんて面倒くさいと思われてなんぼ」という心持ちでいるくらいがちょうどよいのかもしれません。

2-6-3 他職種へのリスペクト

プロダクトマネージャーはプロダクト開発に関わるステークホルダーの考えていること、性質、向かいたい方向性などを深く理解することが肝心です。プロダクトに対してこだわりをもちすぎたがゆえに、エンジニアの工数負担を無視して仕様変更ばかりしていたらどうなるでしょうか。もちろん必要な仕様変更であれば仕方ありません。場合によってはエンジニアからプロダクトマネージャーに対して、「この開発は本当に必要でしょうか？」という質問が届くかもしれません。

その際に「いわれた通りに開発してくれればいいから」というスタンスをとってしまったら、その後の関係は破綻へと向かっていくでしょう。接するチームメンバーに対してリスペクトの気持ちをもっていなかったり、感謝の念をもっていなかったりすると、日々の言外の行動に出てしまうものです。

プロダクトマネージャーは一人では成立しない仕事であるために「マネージャー」という呼称がついています。**関わるすべての人に対してできる限りリスペクトと感謝の気持ちをもつ。そしてそれを伝える努力を惜しまずにしていくことが大事です。**

いままで私たちがお会いしてきた優れたプロダクトマネージャーは、周囲へのリスペクトが強く、そして強い興味・関心をもっていました。プロダクトマネージャーという職務範囲にとらわれることなく、「エンジニアの人ってどう考えているのだろうか？」「デザイナーってどうやって作業しているのだろうか」など、よい意味で他者への関心が強い傾向にあります。

これは決して、越境して余計な口出しをするのではなく、あくまでも他者の作業や考え方にリスペクトと好奇心をもって接する姿勢です。積極的にエンジニアの開発会議に参加してみてもいいかもしれません（口は出さないことが肝心）。コミュニケーションを活性化するためにも、周囲への興味・関心レベルを一段高めていくとよいでしょう。

2-6-4 探究心

プロダクトマネージャーはつねによいものをつくろうとする探究心をもっています。プロダクトはリリースしたら終わりではなく、リリース後もユーザーのニーズに合わせて細かなチューニングをしていきます。**市場環境が変化し競合プロダクトも渦巻く状況下では、現状に満足せずつねにベストなものを追い求める姿勢が大事になります。**

現役プロダクトマネージャーとのキャリア面談時に、「いまのプロダクトの機能をちょうどリリースし終えたので、そろそろ区切りと思い転職を考えています」といわれることがありました。この声について、とある上場企業のプロダクト責任者に伺ってみたところ、「MVPをリリースしたり、PMF（プロダクトマーケットフィット：プロダクトの価値がマーケットに受け入れられている状態）の後が一番プロダクトマネージャーとして大事な時期なのにもったいない！」と力強くいわれていました。もちろん「リリース後だからといって転職するべきではない」という話ではありません。

しかし、プロダクトマネージャーのあり方として、リリースのタイミングを節目にするのではなく、リリースをして何かしらの実績を出したタイミングが節目といえるのではないでしょうか。リリースしただけではユーザーのペインや課題は解消されていません。実際にKPIに数字として現れるところまでに携わること、そして「どうしたらもっとプロダクトがよくなるか」と考えることが、プロダクトマネージャーとしてのあるべきマインドセットといえます。現状に満足をしてしまったら、「おっと、危ない」という感覚がもてるくらいつねに最善を求めていく姿勢でいるのがよいのでしょう。

2-6-5 利他の精神

プロダクトマネージャーは「ユーザーを幸せにしたい」という想いをもっています。「事業を大きくしたい」「たくさん稼ぎたい」などの想いをもたれている方もいますが、多くの方の口から「ユーザー」という言葉が自然に出てきます。世の中で数多ある職種のうち、「価値を届けたい」「役に立ちたい」といった願望を強くもっているのはプロダクトマネージャーならではといえます。

これはプロダクトマネージャーがものづくり職であるからかもしれません。これまでものづくり職といえば、メーカーにおける商品企画職が代表的でしたが、ビジネスモデルの特性から「つくって終わり」のものがほとんどでした。これに対して、いまのプロダクトマネージャーが手がけるITやWebサービスのプロダクトはつねにアップデートが求められます。その状況下で、**「ユーザーが満足するものをつくり続ける」仕事は、とてもやりがいがある仕事ではないでしょうか。**

さらには、近年ではいろいろなSNSなどでユーザーの声を聞くことがかなり容易になりました。ユーザーが満足しているかどうかの情報を手触り感をもって知ることができ、その結果としてやる気が出て、さらによいものをつくろうというサイクルが生まれる形となっています（図2-8）。

■ 図2-8　プロダクトマネージャーが人の幸せを願うサイクル

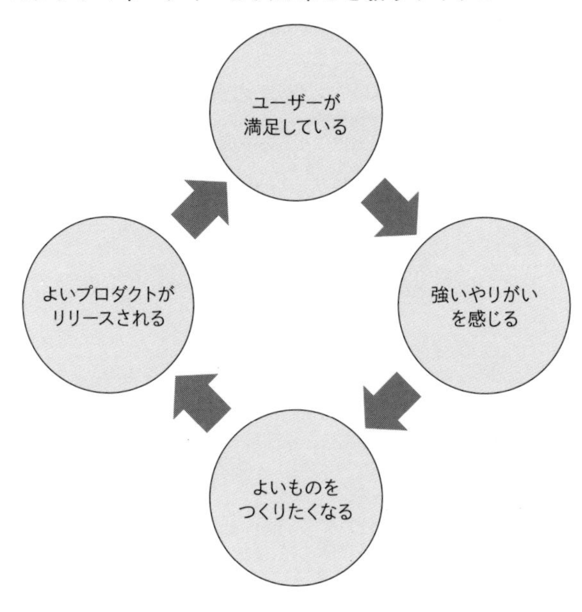

column 2

BtoCの
プロダクトマネージャーの現場

私たちが普段、スマートフォンなどで使うアプリなどに代表されるBtoCのプロダクト。自身がユーザーにもなるプロダクトに関わりたいという方は多く、転職先としても人気があります。タクシーアプリ「GO」を運営するGO株式会社のプロダクト責任者の黒澤隆由さんに、BtoCのプロダクトマネージャーのやりがいや面白さ、難しさなどを伺いました。

BtoCのプロダクトマネージャーのやりがいや面白さとはどんなところでしょうか？

BtoCプロダクトは、BtoBプロダクトと比較してスイッチングコストが低く、他社プロダクトと併用されやすいという特徴があるため、しっかり自社プロダクトの強みをつくっていくことが何よりも重要です。その難易度は非常に高いのですが、ここがBtoCのプロダクト開発においてもっとも汗をかかないといけない部分であり、ここから逃げてしまってはだめです。

ユーザーの満足感を満たすうえでは、細かな使い勝手のよさやデザインなどのつくりこみがとても重要であることは事実ですし、細かな改善の方が短期間・低コストで実現できて結果もすぐ見えます。だからこそ、往々にしてそういう開発ばかりをしたくなってしまいがちですが、そういう細かな改善だけをやり尽くしても決して強いプロダクトにはなりません。**バリュー・プロポジション（ユーザーに提供する独自の価値）は必ずユーザーの根強いペインに紐づいていて、大体そういう難しい問題は他社も含めて解けていないものです。**

だからこそ、そういう問題を「正しく」解決するためのプロダクトアイデアをプロダクトマネージャーがしっかり提示し、それを自社の技術力で着実に実現していくことが求められます。加えて、ユーザーに愛着をもって使い続けてもらえるプロダクトづくりが重要になってきます。ユーザーと真摯に向き合って、「クール」とか「イケてる」とか主観的な自己満足を満たすためでなく、ただただよりよいユーザー体験を提供するために、細部までこだわってプロダクト設計することが求められます。こうした点がBtoCのプロダクトマネージャーの難しさであり、やりがいでもあると感じますし、複数の選択肢がある中で「第一の選択肢になれる」「ユーザーのお気に入りのプロダクトになれる」という喜びは、とても大きいと感じます。

BtoB・BtoCの両方を経験されている黒澤さんから見て、それぞれの難しさはどのようなところにあると思われますか？

BtoBのプロダクトは、自分がいちユーザーになりにくいため、ユーザーがどんなペインをもっているのか想像しにくいという難しさがあります。その反面、たとえば業務タスクを行う際に使うプロダクトなど、利用条件や利用環境に大きなブレはなく、主だったニーズも業務タスクに紐づくものであるため、明確で集約しやすい傾向があります。

一方で、BtoCのプロダクトはユーザーの利用条件や利用環境もさまざまで、ニーズが多様化しており必ずしも顕在化していないため、右脳と左脳の両方を駆使して何が求められているのか想像力を働かせる必要があります。当社のタクシーアプリ「GO」を使ってくださるユーザーの利用シーンもさまざまであり、ビジネス利用もあればプライベートでの利用もあり、さらには地域や時間帯による違いも存在します。このようにBtoCのプロダクト設計においては余白が多く、次に何をすべきですべきでないか、また優先順位付けも含めて、プロダクトマネージャーがより広い視野でしっかり軸をもって判断していく必要があるという点での難しさがあると思います。

プロダクトマネージャーの重要な役割とは、相反する2つのことのバランスをしっかりとっていくことだと考えています。「ビジネス価値と顧客価値の双方を最大化していくことがプロダクトマネージャーの役割である」と定義している書籍もあります。当社のタクシーアプリ「GO」のようなBtoCプロダクトの場合、BtoB、BtoCのいずれかにとってのみの最適解を探せば、意外と簡単に解決できてしまう課題は多いのですが、両者をトレードオフの関係性にすることなく解決できる手法はないかと知恵を絞り出すことで、本当に良いプロダクトが生まれるものだと考えています。私はBtoCプロダクトの設計を得意としていますが、BtoBとBtoCのユーザー体験が有機的につながって、トータルで成り立つエコシステムだからこそ提供できる価値があると思っており、そういったプロダクトを設計していくのが好きでやりがいも大きいと感じています。

BtoCのプロダクトマネージャーになりたい人は、どのような準備をすればよいでしょうか？

ユーザーに愛着をもって使ってもらえるプロダクト設計という観点でいえば、BtoCのプロダクトはより細かなプロダクトデザインやインタラクションにまで気を配っていく必要があります。プロダクトマネージャーにはビジネス側の知識やスキルだけでなく、エンジニアやデザイナーとも話せるテクニカルスキルや、プロダクトデザインを評価できる知識も求められますので、認知心理学をベースとしたUXデザインや、各種OSスタンダードのUIコンポーネント、最新のデザイントレンドなどについてもぜひ学んで欲しいです。神は細部に宿るので、そういったところにまでこだわるマインドは大切にして欲しいと思います。

最後に、未経験からプロダクトマネージャーを目指す方々に向けてぜひアドバイスをお願いします。

プロダクトマネージャーにとって、失敗体験こそが実は貴重であると考えています。大きな成功体験があると、それはもちろん大きな強みになりますが、その反面、大きな成功体験ほどさまざまな条件が揃った特定の条件下でなされることが多いので、その成功体験だけに固執してしまうと再現性が低く、なかなかうまくいかないことも多いように思います。

一方で、失敗から学んだことは意外と汎用的で、「過去にこういう失敗したから今回はやめておこう」「今回はこうしてみよう」みたいな思考や取り組みは、プロダクト開発において成功確率を高めていくうえで大きく寄与してくれている実感があります。私の場合は、成功体験よりもむしろ失敗体験の方が多いぐらいなので、自分の中でいかに速くPDCAを回していくかということをつねに意識しています。これからプロダクトマネージャーを目指す皆さんの成長のために、「たくさん失敗できる環境」というのはとても重要だと思います。

黒澤隆由（くろさわ・たかゆき）　GO株式会社 執行役員プロダクトマネジメント本部長、日本CPO協会理事

製造業のソフトウェアエンジニアとしてキャリアをスタートし、2008年より楽天株式会社にてプロダクト開発に従事。2018年より株式会社ディー・エヌ・エーにてタクシー配車サービスのプロダクト責任者を務め、同時に全社のプロダクト強化やプロダクトマネージャーの育成に取り組む。2020年4月より株式会社Mobility Technologies（現GO株式会社）にプロダクトマネジメント本部 本部長として転籍。2021年10月に執行役員に就任。2023年6月に日本CPO協会理事に就任。

第3章

プロダクトマネージャーの転職活動の進め方

3-1

転職活動の7つのステップ

ここからは実際に転職活動を進めていくうえでの具体的な7つのステップを紹介します（図3-1）。

■ 図3-1　転職活動における7つのステップ

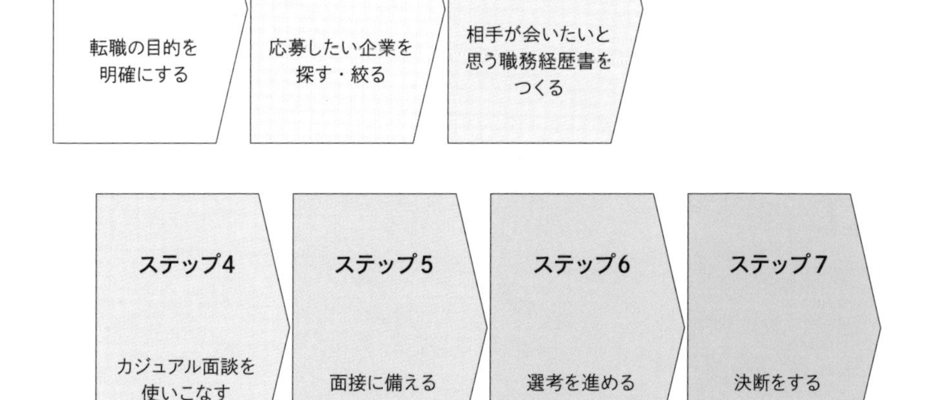

── ステップ1　転職の目的を明確にする

ステップ1は転職の目的を明確にすることです。**転職とはあくまでもキャリアをよりよくするための手段でしかなく、転職自体が目的になってしまってはいけません。**「何を得るために転職をするのか？」をしっかりもつことで、キャリアに迷った際の考えのより所となります。「内定をもらってから考えよう」という姿勢も時に必要ですが、内定をもらったからといっても迷いがなくなるということはありません。事前にしっかり考えておくことが肝心です。

ステップ2　応募したい企業を探す・絞る

ステップ2では応募したい企業を探して絞りこんでいきます。プロダクトマネージャーの転職においては企業選びだけでなくプロダクト選びも大切です。自分が求めているキャリアや環境がその企業にあるのか、自分が愛せるプロダクトなのかどうかなどを吟味する必要があります。この企業選び・プロダクト選びは転職目的に依存することを忘れてはいけません。

ステップ3　相手が会いたいと思う職務履歴書をつくる

ステップ3では相手が会いたいと思う職務経歴書をつくります。転職活動には履歴書・職務経歴書の2つの書類が必要です。履歴書は住所や学歴、社名などを書くだけなのでさほど時間も手間もかかりません。一方で職務経歴書は書く人の個性や言語化能力が如実に表れます。自分の実績やスキルを過不足なく伝えることは、簡単ではありません。

多くの求職者を見ていて共通して思うのは「せっかく面白いエピソードをもっているのに、それが職務経歴書に書いていないのではもったいない」ということです。応募先企業にどのようなエピソードや言葉が響き、あるいは響かないのかは自分ではわかりづらいものです。だからこそ知っておくべき観点があります。

ステップ4　カジュアル面談を使いこなす

転職目的が定まり、応募する企業も決め、履歴書と職務経歴書が整ったら面接を進めていきます。ただ最近では面接前にステップ4で説明するカジュアル面談をはさむ場合もあります。カジュアル面談とは、その名の通り面接よりもカジュアルな形式で企業の方と会話をする場です。企業の文化やプロダクトの特徴、組織体制などを事前に細かく確認することができる点がメリットです。ただし、必ずしもカジュアル面談を設定しなければいけないわけではなく、あくまでも「事前に細かく知っておきたい」のであれば、企業へ依頼してみるのがよいでしょう。

―― ステップ5　面接に備える

ステップ5は面接に備えて準備をします。はやく面接に臨みたい気持ちもわかりますが、職務経歴書で自分の実力を示すことができない場合があるのと同様に、面接でも本来の力を十分に発揮できない事例を数多く見てきました。これは未経験からの転職者やジュニアプロダクトマネージャーに限った話ではなく、シニアプロダクトマネージャーであっても同様です。応募する企業に応じた対策を入念に行ってから面接に臨むことをおすすめします。

―― ステップ6　選考を進める

ステップ6ではいよいよ選考を進めて面接に臨みます。面接を進めている中で気持ちや志向が変わったりすることもあるでしょう。その場合、追加で応募企業を増やしたり、途中での辞退も視野に入れましょう。状況にあわせて選考の進捗を調整することも欠かせません。

―― ステップ7　決断をする

ステップ7は転職先を決断します。応募企業から無事内定を獲得することができたら転職活動は終了ではありません。どの企業を選ぶべきか、はたまた本当にいま所属している会社から出るべきなのか。非常に悩ましい決断のときとなります。転職目的に立ち返り、目的をもっとも達成できる選択肢を選んでいきます。

以上が転職活動の7ステップの大まかな流れです。次節からは各ステップについて、より実践的な参考事例や観点をもとに解説していきます。

3-2 ステップ1 転職の目的を明確にする

3-2-1 なぜプロダクトマネージャーのキャリアを築きたいのか

「なぜプロダクトマネージャーとしてのキャリアを築きたいのですか」。これは、**未経験からプロダクトマネージャーになりたい求職者が面接の中で必ず聞かれる質問です。**経験者であっても聞かれる可能性はあるでしょう。

この問いには万人に共通の回答はありません。自身の転職目的や成し遂げたいことを見つめ直し、自分の言葉で考えて言語化しなければなりません。

プロダクトマネージャーのよい面だけでなく辛い面、苦労することまで含めて理解したうえで、本当に目指したいのかを自問すると見えてくることもあります。「プロダクトの戦略立案」「プロダクトビジョンの策定」などの聞こえのよい業務が占める割合は全業務の中でも決して多くありません。日々発生する細かな課題の優先順位付けや開発のプロジェクトマネジメントが業務の大半を占めることも多くあります。

こういった苦労があることを理解したうえで、それでもプロダクトマネージャーとしてのキャリアを歩もうといい切れるかどうか。外から見た表面的な情報だけでプロダクトマネージャーをやりたいといっていないか。プロダクトマネージャーの仕事における辛さや苦しさも想像し、理解したうえでやりたいのか。いま一度、なぜプロダクトマネージャーのキャリアを築きたいのかを自身に問うてみてください。

3-2-2 いまの自分にとって何が足りないのか、何を求めているのか

「転職」という言葉が世の中には溢れていますが、そもそも転職は安易にすべきものではありません。プロダクトマネージャーとして他の環境へ転職をしたい、もしくはプロダクトマネージャーになりたい、と思うのは、きっと現状で何かが足りていないと思っているからです。**いまの自分にとって足りないと感じていることを丁寧に紐解いていくと、自身が何を求めているのかが浮かび上がってくるはずです。**

──「なぜ」の深掘りで転職の目的が見えてくる

たとえば、私たちが求職者と普段している面談では、求職者本人が転職目的に気付き、整理してもらうために以下のような質問をしています（図3-2）。

- **どうして現職を辞めようと思ったのか？**
- **今回の転職によって何を手に入れたいのか？**
- **どういうプロダクトを手掛けていきたいのか？**
- **世の中のどのような課題を解決したいのか？　何をもたらしたいのか？**

これらの質問を軸に「なぜ」を繰り返して深掘りをしていくことで、その人が大事にしている価値観などが浮かび上がってきます。

■ 図3-2 転職目的を整理するための質問例

「転職理由は？」

「どういうプロダクトを手掛けたい？」

「今回の転職で何を実現したい？」

「世の中のどんな課題を解決したい？」

求職者

面接官

─「なぜ」の深掘りのしかたの例

ある一人のプロジェクトマネージャーを例に、「なぜ」の深掘りのしかたを紹介していきます。ここでは便宜上一問一答形式としていますが通常のキャリア面談では求職者が話している内容を事象だけではなく感情面も含めてしっかりと受け止め、そこへ強い興味・関心を寄せて「なぜ」の質問を投げかけながら実施しています。

Aさん（32歳）は新卒入社した大手SIerでプロジェクトマネージャーの経験を経て、EC企業にてショッピング事業のシステム刷新プロジェクトを担当。直近は、プロダクトの企画からグロースまでプロダクトマネジメント業務に少しずつではあるが関われるようになっていた。

Q. どうして現職を辞めようと思ったのですか？

A. せっかく関わり始めていたプロダクトマネージャー業務に一切関与できなくなってしまったからです。

Q. なぜそうなってしまったのですか？

A. 全社の方針で新規事業は今後積極的には行わない方向になってしまったんです。

Q. それだとなぜプロダクトマネージャー業務に関われなくなってしまうのですか？

A. これまで会社が新規事業に積極的だったので、各新規事業のシステム開発プロジェクトに関わりながらプロダクトの企画からグロースにも少しずつ関与できていました。しかし会社が新規事業に対して消極的な方針を示すようになり、既存サービスのシステム構築や刷新プロジェクトをメインに任されることになりました。

Q. それが辞めようと思うまでの理由になっているのはどうしてですか？

A. プロジェクトマネージャーはもちろんやりがいある仕事なのですが、それ以上にプロダクトマネージャー業務が面白く、やりがいのある仕事であることに気づいてしまったからです。

Q. どんなところに面白さとやりがいを感じているのですか？

A. まだ一人前のプロダクトマネージャーではないので、すべてを理解して体感したわけではないのですが、まず面白さでいうと、ユーザーがどのようなことを考え、どういう課題をもっていて、それをどのように解消していくのか？　といったことを考えているときがとても楽しいと気づいたんです。

Q. なぜそれが楽しいのですか？

A. 依頼されたものをいわれたとおりに、納期どおりにつくるのではなく、自分の考えや企画・アイデアを仕事に取り入れることが楽しいですし、なにより考えて企画しているときが一番楽しいです。

Q. 一方でやりがいはどういうところで感じますか？

A. 一言でいえば、世の中の役に立っている、人の役に立っていると実感できているときに大きなやりがいを感じます。

Q. それはどんなときに感じますか？

A. まだ実際の経験ではないですが、ユーザーのことをとことん考えてつくったプロダクトがユーザーのペインを解消し、さまざまな形で

「ユーザーからの声」が直接に返ってきたときに、これはきっと世のため、人のためになっていると、大きなやりがいを感じるのです。

Q. たとえば、どの領域で世のため、人のためになりたいと思っているのですか？　もしくは、世の中のどんな課題を解決したいと思っているのですか？

A. 社会貢献性の高い事業に関わりたいと思っています。

Q. 具体的にイメージしているところはありますか？

A. 医療や教育、地方創生などにおける課題解決に関われたらよいなと思っています。

Q. それはなぜですか？

A. 実は大学生の頃に○○という地方でヒッチハイクをしていた際に、目の前で交通事故を目撃したことがありまして。事故にあったおばあさんは無事だったのですが、救急車の手配や病院付き添いなどをしたことから知り合いになり、当時電話で話す機会がありました。いまでこそ遠隔（オンライン）診療などが発達してきていますが、当時はまだ病院通いが当たり前で病院までいくのが大変だとおばあさんがよく話していました。このことが実はいまでも根強く心に残っていて、医療や教育、地方創生などにおける課題解決に関わりたいという思いがあります。

このように自身の考えを深掘りしていくことで、自身が大事にしていることや価値観などが浮かび上がってきます。**この価値観に基づきながら「転職によって何を得たいのか」「そのためにいま必要な選択は何か」を整理していきます。**その結果、社会課題の解決に高い熱量をもっていることに気づいたり、世の中をさらによくしたいという思いをもっていることにたどり着くことができます。

── 転職理由を深掘りすれば転職の目的が明確になる

これまでさまざまな求職者の声を聞いてきましたが、誰一人として同じ転職理由の人はいませんでした。しかし、傾向のようなものはあります。

たとえば、現役プロダクトマネージャーから「プロダクトマネジメントの業務のうち、いまは特定の業務に偏ってしまっている」という声をよく聞きます。How（開発ディレクションやプロジェクトマネジメント）ばかりであり、Why（なぜつくるか）やWhat（何をつくるか）に関われていないという状況です。逆に、Whatの仕事が多く、開発部隊が別にいるのでHowになかなか関われないため手触り感がない、という声を聞くこともあります。

また、自身に決定権がないことで悔しい思いや物足りなさを感じている方も多くいます。先ほどの例は業務範囲の話ですが、これは権限によるものです。顧客からの要望に対して会心の提案をしたにもかかわらず、顧客の社内事情によりそれが採用されなかったり、機能開発の優先順位に納得がいかなかったりすることがあると、自分の求めるものに足りていないと感じ、それが転職理由につながっていることが多いです。

未経験の方であっても、「ユーザーからの改善要望は何度も聞いているのに、自分でそれをプロダクトに反映できない」という事業企画やカスタマーサクセスの方の声も耳にします。また、「開発には携われているが、何をつくるかの企画から関わりたいんです」というエンジニアの方もいます。

ユーザーに寄り添い、ユーザーに求められるものを届けたいという思いが強い方にとっては、在籍している企業の風土が転職理由になることもあります。ユーザーニーズを丁寧にヒアリングしてプロダクトへ反映したい一方で、いまの環境は営業やマーケティングに予算を割きがちだったりする場合などです。プロダクトマネジメントを重要視する企業風土がない、といわれる方もいました。「依頼したものだけをつくってもらいたい」と考えている経営者だったり、利益偏重の組織などに起こりうるでしょう。

他にも年収や残業時間、業務量なども転職理由になりうるかもしれません。これはプロダクトマネージャーに限った話ではないでしょう。

そして、**いまの自分にとって足りないものや転職理由についての思考が深まれば、転職目的もおのずと浮かび上がってきます。**ここまでに挙げた例の転職目的はそれぞれ次のようになるでしょう。

- **WhyやWhatから関われる業務を求めている**
- **自らの責任と権限で意思決定できる組織を求めている**
- **ユーザーの声を反映させられる開発業務を求めている**
- **ユーザーが求めているものをとらえてプロダクトやサービスに反映させられるプロダクトドリブンな環境を求めている**

これらの観点を満たす企業や組織を選んでいくことで、転職目的が達成されるのです。それでは図3-3の転職目的明確化シートを参考に、なぜ転職するのか？　何のために転職をするのか？　を自分自身で深掘りしていきましょう。できる限り具体的に言語化してください。

3-2-3 企業選びの軸を決め、譲れないことと譲れることの優先順位をつける

転職目的が明確になったら、企業選びの軸を決めていきます。そしてその軸の優先順位をつけていきましょう。ここで大切なことは、譲れないことと譲れることを自身の中で認識することです。優先順位をつける効果は2つあります。ひとつは応募する企業を広げすぎずに済むこと。もうひとつは、逆に応募する企業を絞りすぎずに済むことです。

譲れないことを事前に考えておくことは「不要な応募」をしないことにつながります。たとえば「絶対に年収は下げたくない」のであれば、現職

■ 図3-3　転職目的明確化シート

転職の目的と理由を明確にするための問い	できる限り具体的に記載
Q. どうして現職を辞めようと考えたのか？ 辞める原因が複数ある場合は影響順位を考える	
Q. それは本当に転職を考えるほどのことなのか？ その原因は転職でしか解決できない原因なのかを考える	
Q. 現在の職場での社内異動で希望はかなわないのか？ 上司など誰かに相談する前に社内異動は無理だと決めつけていないかを確認する	
転職で何を得たいのか、目指すキャリアを明確にするための問い	**できる限り具体的に記載**
Q. なぜプロダクトマネージャーになりたいのか？ 一番大事な問いのため、時間をかけてでも明確にする	
Q. プロダクトマネージャー以外の職種ではかなわないことなのか？ プロダクトマネージャーへの理解が十分かを確認する	
Q. どんな業務にやりがいや面白さを感じるのか？ 自身の志向や価値観を探る	
Q. 興味のある領域や業界はあるか？　それはなぜか？ 興味がある理由を言語化する	
Q. どんなプロダクトマネージャーになりたいのか？ あまり現実的になり過ぎず、なりたい自分を想像する	
Q. いまの自分に足りないことや補いたいことは何か？ 目指すべき目標を定めて正確に把握する	
Q. 自身の得意なことや伸ばしていきたいことは何か 自己評価だけではなく周囲からの評価も確認する	
企業選びの軸に関して、譲れること・譲れないことの優先順位を明確にするための問い	**できる限り具体的に記載**
Q. プロダクトにこだわりはあるのか？	
Q. 企業規模・フェーズ（資金調達状況や上場など）のこだわりはあるか？	
Q. 組織規模・体制（PMの人数や師匠の有無など）の希望はあるか？	
Q. 裁量・権限をどこまで求めるか？	
Q. ミッション・文化などにどこまで共感を求めるか？	
Q. 同僚・上司など働く人はどれほど重視するのか？	
Q. 働き方（リモートワーク必須など）の希望はあるか？	
Q. 年収はいくらまでなら許容できるか？　いくらまでなら下げられるか？	

よりも下がることが確実な企業に応募する必要はないでしょう。「社長がワンマンな企業だけは避けたい」のであれば、応募中に「あの企業はかなりトップダウンだな」と気づいたときに選考を止めることができます。

同時に、譲れることを考えておくことで、「青い鳥探し」に陥らなくなります。ここでいう青い鳥探しとは、「年収も上がって、フルリモートで、師匠となる人がいて、すでに上場していて安定性もあって、BtoCの0→1に関われて……」という希望条件を完全に満たす企業をいつまでも追い求める状態です。世の中の検索サービスがそうであるように、条件が多ければ多いほどヒットする件数は少なくなります。

つまり、自分の希望を満たす企業が一社しかないような状況になりかねません。このときに「意思決定の権限が強くもてるのであれば年収は上がらなくてもよい」や「師匠となる先輩プロダクトマネージャーがいるのであれば業界はこだわらない」と整理することで、検索条件を緩和することができます。

そしてこの譲れないこと、譲れることの優先順位づけは、複数社から内定を得られた場合の入社企業選びにも役立ちます。「年収ではA社、働き方はB社、人のよさはC社がそれぞれよく、総合的にどこを選べばいいか悩む」ことは珍しくありません。もちろん最終的な進路選択は簡単なものではありませんが、軸の優先順位づけを日常的に考えておくことで、すっきりと決断できるようになるでしょう。ここを怠ると、仮に内定を勝ち得たとしてもその会社が自分にとってよい会社なのかの判断が付かないまま、入社意思の回答を迫られることになってしまいます。

なお、譲れないものに目をつぶってまでたくさんの企業を受ける必要はありません。しかし、未経験からの転職を目指す場合であれば、候補が多いことに越したことはありません。**興味の方向性を見失わないようにしつつ、多くの選択肢をもつことのバランスをとるために有効なのが、優先順位づけなのです。**

図3-4に企業選びにおける軸を8つ挙げました。どの軸が自分にとって大事なのか、どの軸であれば譲れるのかを考える参考にしてみてください。

■ 図3-4　企業選びの軸

企業選びの軸	判断すべきポイント
プロダクト	プロダクト分類にこだわりはあるか
会社規模・フェーズ	資金調達状況、上場などのフェーズにどこまでこだわるか
組織規模・体制	プロダクトマネージャーの人数、師匠がいるかどうかなどの事柄は必須か
裁量・権限	プロダクトマネージャーとしての権限や裁量をどこまで求めるか
ミッション・ビジョン・バリュー・文化	企業のミッションや文化などにどこまで共感を求めるか
同僚・上司	働く人はどれほど重要視するか
働き方	リモートワークなどは必須か
年収	いくらまでなら許容できるか、下げられるか

3-2-4 プロダクトの軸

企業選定にあたってもっとも大事な軸は、その企業がどのようなプロダクトを手掛けているかでしょう。プロダクトの分類は、第2章で紹介した以下の4つとなります。詳細は「2-3 プロダクトマネージャーが扱うプロダクト分類」を参考にしてください。

● BtoBとBtoC

- **バーティカルとホリゾンタル**
- **プロダクトフェーズ** (0→1、1→10、10→100)
- **国内とグローバル**

この好みは人によって大きく異なります。業界にこだわりがない人もいれば、「○○業界だけは興味がもてない」と話す人もいます。「0→1をまだやったことがないので、今回の転職は0→1のフェーズだけに絞りたい」という方もいます。**肝心なことは、自分の好みや価値観を認識することです。**プロダクトを好きになればなるほど、プロダクト開発へのモチベーションが高まるはずです。一方、その逆もしかりです。プロダクト選びはプロダクトマネージャーにとって最重要点ですので、じっくりと選ぶようにしてください。

なお、未経験から転職する方は、そもそも選択肢がある程度限られていることも多いです。そのため、「本当にやりたいプロダクト」に今回の転職では関われない可能性もあります。まずはプロダクトマネージャーとしての経験を積むことを優先に、関わりたいプロダクトにどのようなステップで関わるのかを中長期で考えてみてもよいでしょう。

3-2-5 会社規模・フェーズの軸

どのフェーズの企業またはどの程度の人数希望の企業かによって、働く環境は大きく異なります。なお、ここでいうフェーズとはあくまでも企業フェーズであり、プロダクトフェーズではありません（プロダクトフェーズは次項を参照）。

― スタートアップの場合

近年のスタートアップはそもそもプロダクトマネジメントの概念や重要

さが浸透している可能性が高いでしょう。しかしアーリーフェーズのスタートアップであればあるほど、プロダクトマネージャーが不在であったり、創業者が兼務していることが多くなります。創業者がプロダクトマネージャー出身であれば話は早いですが、営業系や事業系キャリア出身だった場合などは、プロダクトマネジメントを十分に理解していないこともあります。一方、資金調達が進んでいるスタートアップであればすでにプロダクトマネージャーが在籍している可能性も高くなります。シリーズBやCになればPMFしていることも大半で、プロダクトマネージャーが複数人在籍していることも珍しくありません。

また、スタートアップはまだ単一事業のみであることも多く、プロダクトも1つしかないことが一般的です。組織的にはまだ育成余力がなかったりする場合も多いので、未経験者やジュニアプロダクトマネージャーの採用はあまり進んでいません。**一定のプロダクトマネジメント経験を有しているミドルプロダクトマネージャー以上が求められる傾向にあります。**

── メガベンチャーの場合

メガベンチャーになってくると複数事業を有していることも多く、その分複数のプロダクトが社内に存在します。プロダクトマネージャーも数名〜数十名在籍していることもあり、プロダクト開発組織が事業部組織からは独立している場合もあります。とくに近年のメガベンチャーはゲーム事業やメディア事業をもつ企業ばかりではなく、SaaS企業も増えてきており、プロダクト開発の重要性が組織に浸透していることも多いです。そのため、社内におけるプロダクトマネージャーの育成体制も少しずつ用意されはじめてきており、社内異動でプロダクトマネージャーに転身する人が誕生することもあります。**未経験者やジュニアプロダクトマネージャーはメガベンチャーのほうが採用可能性は高いといえるでしょう。**

また、既存事業だけでなく新規事業や新規プロダクトなども生み出される場合もあります。そのため、社内に異なるフェーズのプロダクトが複数あることも特徴のひとつです。

── 大手企業の場合

企業によって温度差がある

ここでいう大手企業とは小売、メーカーや金融機関、インフラ企業など、これまでITサービスやプロダクトを有してこなかった企業を指しています。IT大手であればプロダクト開発も珍しくありませんが、非IT企業はまだまだプロダクト開発が文化的にも組織的にも遅れているでしょう。とはいえ、近年になってようやく「DX」と題してさまざまなITが絡む新規事業が大手企業からも生み出されてきました。最近では小売業やサービス業など、ユーザーと接点をもつ大企業を中心にDX化の波が押し寄せ、少し様子が変わり始めています。その結果、ユーザー向けアプリやサブスクリプションサービスなどもリリースされるなど、プロダクトマネージャーの必要性が徐々にではありますが増してきています。

そのような背景から、大手企業からも「プロダクトマネジメント」「プロダクトマネージャー」という言葉が出てくるようになってきました。実際に求人を出している企業も少しずつですが増えています。

しかし、まだまだ開発を内製化できていない企業が多かったり（エンジニアが社内におらず、外部ベンダーに開発を依頼している状態）、「プロダクトマネジメントって何？」という状態があることも事実です。社内には中途で入社したプロダクトマネージャーがまだ少なく、以前から在籍していた社員が異動でプロダクトマネージャーに転身した場合が一般的です。場合によってはプロダクトオーナーという呼称となっており、「新規事業や新規サービスの責任者」といったニュアンスで使われていたりもします。

これだけだと大手企業に転職する意味合いが弱く感じられるかもしれませんが、大手企業にはスタートアップやメガベンチャーにはない圧倒的な資金力、販売網、既存ユーザーなどが存在します。スタートアップでは実現できないようなスケールの大きい事業やプロダクトを展開することが可能であり、これは大手企業ならではの魅力といえるでしょう。

実際に自分の目で見てみる

まだ大手企業でのプロダクトマネジメント導入は始まったばかりであり、企業によってその取り組みに大きな違いがあります。名ばかりのプロダクトマネジメントに終始しているところもあれば、外部からトップ人材を招聘し、その人の下で開発部隊を組織化しているところもあります。通称「出島」といわれるように本社とは別のエンジニアフレンドリーなオフィス環境や給与体系、人事制度を用意し、プロダクトづくりをのびのびと行える文化をつくっているところもあります。

大手企業への転職という意味では、一部の先進的な企業でちらほらと事例は見られるようになってきてはいますが、現時点ではまだプロダクトマネージャーとしての転職に適した企業は少ないのが現状です。しかし、今後は大手企業でもプロダクトマネジメントの導入が進んでいくと予想されます。**「大手企業だから」と紋切り型の印象を抱くことなく、実際に自分の目で見て判断してみてください。**

3-2-6 組織規模・体制の軸

── 0→1フェーズの場合

プロダクトマネジメント組織の人数や組織形態によってプロダクト開発の進め方や役割が多少異なります。スタートアップでは、0→1のプロダクトフェーズが多く、プロダクトマネジメント組織は1〜3名程度です。この規模感だとプロダクトマネージャー組織がつくられていないことも多く、エンジニアを含めた「開発組織」としてまとめられています。業務の特性としては、人数が少ないために一人当たりの裁量や業務範囲・責任範囲は大きくなります。

一方で、組織が十分でないがゆえに、やらなければいけない周辺業務や調整ごとなども多くなるかもしれません。場合によっては自らコーディングや営業をしたり、マーケティング施策を打ったりするなどの場面も発生するでしょう。なお、同じ0→1フェーズであっても大企業やメガベンチャーの新規事業・新規プロダクトの場合は、当初から組織がしっかりとつくられていることもあります。

── 1→10フェーズの場合

プロダクトのフェーズが1→10のPMF後となってくると、プロダクトマネジメント組織がつくられ、人数も2、3名〜5名ほど在籍するようになります。会社によってはこの時点で複数ラインのプロダクトや事業が走っていることもあり、その場合にはさらにプロダクトマネージャーの数が多くなります。図3-5のようにプロダクトマネジメント組織としては一つではあるものの、各事業やプロダクトに数名ずつプロダクトマネージャーをアサインするような形になる場合もあります。

この変化型として図3-6のように横串の組織にエンジニアも加わっている場合もあります。

このようにプロダクトマネジメント組織がつくられ、徐々にプロダクトフェーズも大きくなると、一人に対して委ねられる担当範囲はプロダクトの一部分や特定の機能になったりします。0→1フェーズと比べると全体像を見ることは難しくなるかもしれません。一方で、プロダクトマネージャーが複数人いることのメリットもあります。異なるプロダクト間での情報連携や事例共有、組織全体での勉強会、何よりもモデルとなる先輩や上司が複数人いることで、学びの機会は格段に増えるでしょう。

■ 図3-5　事業部をまたぐ横断型プロダクトマネジメント組織

■ 図3-6　事業部をまたぐ横断型プロダクトマネジメント組織（エンジニアを含む場合）

― グロースフェーズの場合

メガベンチャーなどのように企業としての規模も大きい場合は、グロース（10→100）フェーズとよばれるようなことが多いです。プロダクトは安定的に収益を生み出す構造となっており、セールスチームが新規ユーザーを獲得し、カスタマーサクセスチームが着実にアップセル・クロスセルを進めている段階です。

組織化されているがゆえに未経験からの採用に積極的であったり、育成体制も万全に整っていたりします。未経験者にとっては入りやすいのがこのフェーズの組織です。なお、グロースフェーズとなってくると、事業部にプロダクトマネージャーが配置されているような組織体系も出てきます（図3-7）。

この組織体系ではプロダクトマネージャーと各職種が同一事業部門内に配属されるので距離感が近く、連携しやすいメリットがあります。一方

■ 図3-7　事業部ごとにプロダクトマネージャーが配置される組織

で、前の2つの組織形態と比べると他プロダクトとの連携にはやや壁があり、会社全体で提供する価値に重複や抜け漏れがないように注意が必要です。また、プロダクトマネージャー同士の情報共有や学びの機会を意識的につくる必要があるでしょう。

3-2-7 裁量・権限の軸

企業規模やプロダクトマネジメント組織にもよりますが、プロダクトマネージャーとしてどの程度裁量や権限があるかも企業選びにおいては欠かせない要素です。未経験者はあまりイメージがつかないかもしれませんが、プロダクトマネージャーの業務範囲が広すぎる場合、「こんな業務までやらないといけないのか」という不満につながりやすくなります。

一方、業務範囲が狭すぎると、「意思決定できる裁量が少なすぎる」と思ってしまうかもしれません。大事なのは自らがどの範囲の業務までに携わりたいと考え、その範囲が応募企業にとってどのように運用されているのかを確かめることです。

これは面接や面談に進んでみないとわからない点かもしれませんが、求人票に記載されている業務内容からある程度を察することができるでしょう。また企業によっては「プロダクトマネージャーとしてやること・やらないこと」を採用ページなどで発信している場合もありますので、事前に確認してみてください。

加えて企業選びの軸にしてもらいたいのが、プロダクトに関する意思決定をどのようにしているかです。全意思決定をプロダクトマネージャーがすることは難しく、時に経営者や事業責任者が決める場合も当然あるでしょう。その際に合意形成がどの程度なされているか、プロダクトマネージャーの意見は合意形成の場で反映されるのか、などを確認しておくことで入社後のギャップを減らすことができます。

3-2-8 ミッション・ビジョン・バリュー・文化の軸

そのプロダクトが果たす役割やユーザー価値に自分がどこまで共感できるかも大事な軸の一つです。またその企業のミッション・ビジョン・バリューに共感できるかも大切です。

プロダクトに思い入れのある場合によいものが生み出されやすく、プロダクトに思い入れがなければきっとそのプロダクトはユーザーが満足するものになりえません。なお、プロダクトはそのものに価値があるわけではなく、プロダクトを利用することによってユーザーが何らかの体験を得られ、実現したいことを達成できるからこそ価値をもちます。ですから、**プロダクトがもつバリューに共感できるかがとくに大事になってくるのです。**

また、プロダクト自体に共感できたとしても、そのプロダクトをつくる企業自身のミッションやビジョン、文化に共感できなければ、いつかガス欠を起こしてしまうかもしれません。プロダクト開発の現場は必ずしもポジティブなことだけが起こるとは限らず、メンバーとのぶつかり合いや、競合との競争、ユーザーからのクレームなど、さまざまなハードシングスに直面します。その際に、「この会社のために、この会社が実現したい世界のためにがんばれるか」が欠かせない要素となります。

大手企業に在籍していると企業理念やビジョンなどの重要性になかなか気が付かないものですが、急拡大をしている変化が大きなスタートアップなどでは、このミッション・ビジョン・バリューが全員を束ねる拠り所となります。プロダクトマネージャーがキャリアを築く際にはプロダクト選びが肝心ですが、それと同じだけ企業もよく見て選んでいきましょう。

文化は言語化が難しく、感覚的な部分の大きい観点です。「アットホームな会社」という言葉からイメージが広がる人もいればそうでない人もいて、意見が分かれると思います。その企業が、トップダウンなのかボトムアップなのか、ウェットなのかドライなのか、チームワーク主義か個人主義か、数字や論理を重視しているのかそうでないのかなど、自らが大事に思う文化を考える必要があります。

肝心なのは、ここで条件に合う文化を絞りすぎないことです。自分が大切にしている価値観と完全にマッチする文化をもつ企業とは簡単に出会えません。条件を絞り込みすぎることで、青い鳥探しになってしまうことは避けたほうがよいでしょう。

3-2-9 同僚・上司の軸

未経験者やジュニアプロダクトマネージャーは、経験豊富なプロダクトマネージャーがいる環境、すなわち師匠となる存在が同僚や上司にいる環境をおすすめします。これは何もプロダクトマネージャーに限った話ではありません。どの職業であっても経験の浅い人は、経験豊富な人のいる環境のほうが成長する可能性は高いものです。もちろん、「師匠がいないほうが好きなようにトライできる」「誰もいない環境の方が力が付く」という考えもあります。

しかしこれは、非常に強いバイタリティをもつ人に当てはまる考え方でしょう。自走力の高い人であれば、そのような環境の方が速いスピードで成長する可能性が高いはずです。一方で多くの人は、レベルの高い人の下で質の高いやり方を学び、質の低いやり方に対するフィードバックを受けることで成長を繰り返していきます。まだ自走力の弱いジュニアプロダクトマネージャーであれば、師匠となるような同僚や上司がいることで、一定の成長スピードや成長角度を担保できるのです。

また師匠といってもさまざまなタイプがいます。手取り足取り教えてくれる人、「俺のやり方を見て学べ」タイプの人、まずは失敗させてみる人、ホームランを打てるまで伴走してくれる人など、師匠の数だけ師匠の形があります。自分はどのような師匠がいれば成長しやすいのか、どんな師匠だと相性が悪いのかを認識したうえで、応募先企業のCPOやVPoPの人柄や、入社後のオンボーディングの流れを確認していくとよいでしょう。

このように**自分と共に働くプロダクトマネージャーの同僚や上司が、どのような存在なのか、相性はどうなのかをしっかり見極めていく必要があります。**未経験者やジュニアプロダクトマネージャーは、とくにこれが大事な軸となるはずです。

3-2-10 働き方の軸

企業選びにおいて働き方を重視される求職者も多くいます。昨今の代表的な要件はリモートワークの可否です。フルリモートなのか、完全出社なのか、はたまたハイブリッド型なのか。企業によってその方針は異なります。職種によってルールを変えている企業もあります。また、この方針は時期によって変化しています。あるときはフルリモートだった企業が、「出社して顔を合わせないとよい開発ができない」と判断し、出社日を増やすこともありました。一方、出社日を減らすことで人材確保を図ろうとしている企業もあります。時期によって方針が変わっている可能性があるため、都度その企業の状況を確認してください。

リモートワーク以外にも、残業の有無や平均残業時間、フレックスの有無や裁量労働制の有無など、ワークライフバランスを重要視している方は、これらを事前に確認したうえで応募するか否かを決めたほうがよいでしょう。

3-2-11 年収の軸

キャリアを考えるにあたって年収は大きな意味をもちます。年収だけで企業を選ぶことはあまりないでしょうが、年収を無視して企業を選ぶと後で大きな後悔をすることになります。とくに日本の転職市場では、「現年収を考慮して転職先での年収が決まる」傾向にあります。面接だけを通じて適正な年収を提示する企業はまだ多くなく、現年収を基準としてどの程度増減するかを算出している企業が多いのです。そのため、無闇に下げてしまうと、今後アップするうえでの壁になる可能性があります。

一方、年収を無闇に上げすぎてしまう（高い年収を希望しすぎてしまう）と、入社後の期待値が高騰しすぎるリスクもあります。「あの人はこんなにもらっているんだからこの程度の仕事はできるはず」というように質や量に対する要求水準が上がってしまうのです。もちろん「それくらいの方が自分を追い込めるので大歓迎」という人もいるでしょうが、どの年収で着地させるかは非常に難しいものです。多様な事例に明るいプロのキャリアアドバイザーに相談し、自分の適正年収を確認するようにしましょう。

企業選びの際には、自分の現年収を正しく認識し、希望年収（これくらいあったら嬉しいと思う金額）と、最低希望年収（これを下回ったらどんなによい企業であっても辞退する金額）を考えてみてください。その条件に合う企業は選択肢に残し、合わない企業は選択肢から外しても構いません。

ただし、「年収は高ければ高いほうがよい」という考えはあまりおすすめしません。もちろん高いことに越したことはありませんが、希望年収と最低希望年収を設けていないと交渉時に話が進まなくなります。買い物時に値段交渉をする際も「いくらまで安くなりますか？」と聞いたら必ず「いくらなら買ってくれますか？」と質問返しに遭うでしょう。「いくらなら入社するか」をイメージして応募することで、オファー時に交渉しやすくなるのです。

なお先にも述べましたが、複数社から同時に内定が出た場合、年収がつり上がることもあります。そのためにも複数社を同時に応募しておくことをおすすめします。

3-2-12 「内定が出てから考えます」がダメな理由

「どの企業を選ぶかは内定が出てから考えます」という求職者の声を耳にします。これはあまりよくない考え方なので、後回しにせずに応募前から考える癖をつけましょう。なぜなら、**企業選びの軸をあやふやにしたまま、いたずらに意思決定を先延ばしにしてしまっている可能性が非常に高いためです。**

自分の軸や検証したいポイントを明確にしないまま「とりあえずあとで考えればよい」と横に置いて、とにかくいろいろな企業の選考を片っ端から受け、いつの間にか最終面接合格となり内定を得る。ここでようやく意思決定の重みに気付き、これまで横に置いてきたあれやこれやのすべてのことについて一気に答えを出そうとしても、自分が本当に腹の底から納得できるような意思決定はできないでしょう。

もちろん最初からすべてのことに明確な答えを出し切ってからでないと転職活動をしてはいけないわけではありません。転職活動を通じて、自分の軸や考え志向が変化していくことは往々にしてあります。転職を考え始めたとき、企業選びや職務経歴書の作成などで転職活動の第一歩を踏み始めたとき、各社との面談や面接で実際に現場の方々や経営陣と出会い会話をしたとき、そして最終面接後の内定を得て意思決定を行うときなどです。

これらの各プロセスを経ていく中で、自分の軸や考え、志向や希望などが変化することはあるでしょう。むしろそのほうが一般的です。だからこそ、各プロセスでつねに何を大事にしているのか、転職の目的は何なのかを一つひとつ検証し、再確認しながら進めていく必要があります。そうすれば、いざ内定が得られた際に「あのときもっと考えながら受けておけばよかった」という後悔がなくなり、気持ちよく決断できるでしょう。

3-2-13 自らをプロダクトマネジメントする視点をもつ

転職活動において、これまでの経験をどう企業に伝えていくか、非常に悩ましいところです。その際は自身をプロダクトとしてとらえることをおすすめします。

第1章では、プロダクトマネジメントとは、ユーザーへの提供価値とプロダクトの収益性のバランスをとりながら、プロダクトビジョンを実現するための業務であるとお伝えしました。そこで、転職活動における「プロダクト」を自分自身、「ユーザー」を応募する企業とたとえてみましょう。

まず、ユーザーへの提供価値について考えます。提供価値を高めるためには、ユーザーが何を求めているかを知らなければなりません。そのためにはユーザーへのヒアリングも有効ですし、ユーザーの普段のふるまいから示唆を得ることもあります。

転職活動においては、応募する企業の求める人物像を知り尽くすことといい換えましょう。企業が出している求人票や採用要件が書かれているWebページ（ユーザーの要望）をしっかりと把握することが大切です。さらに解像度を上げるためには、その企業が提供しているプロダクトの情報はもちろん、現役社員の経歴やイベントへの登壇情報、IR情報など、得られる情報はすべて収集するくらいの気持ちで臨むとよいでしょう。応募する企業のことを理解すればするほど、どんな人材が求められているかの理解が深まり、より的を射たアピールができるようになります。

次にプロダクトの収益性です。収益性を高めるためにはマネタイズ（収益化）のポイントをつくる必要があります。収益化に偏ってしまうとユーザー価値が置き去りになってしまいますので、バランスをとるのがポイントです。

転職活動においてはご自身の希望・要望を伝えることと、企業側に欲しい人材であると感じてもらうことのバランスに置き換えましょう。面接に通過すること、内定が出ることを最優先するあまり、自身の希望を伝えず、希望のかなわない内定を勝ち得ても意味はありません（収益性は高まりません）。一方で、自身の希望を強く伝えすぎて（収益性を意識しすぎて）、それに見合う価値をユーザーに感じてもらえなければ内定を勝ち得ることはできません（プロダクトを使ってもらえません）。前項で述べた優先順位を意識しながら、自身の希望を伝えていくことがポイントになります。

そして、プロダクトビジョンの実現について。転職活動においては、プロダクトである求職者自身が実現したいキャリアに近づいていけるかどうかです。自身の希望の条件で内定を獲得しても、その職場が自身の目指したいキャリアへの道筋になければ転職成功とはいえません。**目の前の条件（収益性）やオファー可否（ユーザー価値）にとらわれすぎて、中長期的に実現したいキャリアを見失うのは本末転倒です。**意識しなければつい後回しになってしまう視点ですが、プロダクトマネジメント同様、転職活動においてもビジョンの実現は強く意識したいポイントです。

3-3 ステップ2 応募したい企業を探す・絞る

3-3-1 どこで求人に出会えるのか

転職目的が定まり、企業選びの軸を決め、優先順位が定まってきたら、今度は自分にフィットする企業や求人を探していきます。

企業探し、求人探しにあたっては大きく分けて3つ方法があります。1

つ目は直接企業のHP（ホームページ）などを見る方法。2つ目はビズリーチなどの転職サイトへ登録する方法。3つ目は人材紹介会社（転職エージェントともいう）に登録し、キャリアアドバイザーに相談する方法です。それぞれ順番に紹介していきます。

── 企業のHPを見る

1つ目は至ってシンプルで企業のHPを直接見ることです。すでに興味のある企業がある場合には、まず企業HPを見てみましょう。ほぼすべての企業HPには「採用情報」ページがつくられており、求人情報はもちろんのこと、会社のカルチャーを垣間見ることのできる社員インタビューや各種制度などの情報が記載されています。最近では、採用資料をHPに掲載する企業も増えてきており、各社の採用への力の入れ具合も知ることができます。また、上場企業であればIR情報にも目を通しておきましょう。企業の業績やビジネスモデル、今後の事業戦略などの詳しい情報を得られます。

一方、まだ応募したい企業が具体的に定まっていない場合などは、以下の2つ目や3つ目の方法をとってみてください。

── 転職サイトに登録する

2つ目がビズリーチやリクルートダイレクトスカウトなどに代表される転職サイトに登録する方法です。ここでは求人を見られるだけでなく、企業からの直接的なスカウトや人材紹介会社からのスカウトが届く仕組みになっています。

求人を探すためには、個人情報（学歴、職務経歴など）を登録し、希望する条件（業界や職種、勤務地・働き方や報酬面など）を入力します。すると、その希望にマッチした求人が抽出され、各求人情報を閲覧できます。最近ではプロダクトマネージャー求人を検索することも可能になっています。また、求人検索だけでなく希望の求人へエントリー（応募）することも可能です。

── 人材紹介会社に登録する

3つ目が人材紹介会社に相談希望の登録をする方法です。これは人材紹介会社のHPから登録するか、転職サイトからスカウトが届いたキャリアアドバイザーに連絡するかのいずれかになります。人によっては知り合いから紹介してもらうこともあるかもしれません。

エントリー後、キャリアアドバイザーとの面談を行い、カウンセリングを経て、求人の紹介を受ける流れになります。このやり方が、「希望する求人」に出会えるもっとも効率的な方法といえるでしょう。とくに**プロのキャリアアドバイザーは求職者が個人で転職活動をする中では決して知ることのできない情報も扱っています。**プロダクトマネージャーへの転職でいうと、たとえば次のような情報です。

- **プロダクト組織にはどういった人がいるのか**
- **師匠となるようなプロダクトマネージャーはいるのか**
- **その組織は社内ではどのような位置付けになっているのか**
- **他部署との関係性はどういう状態か**
- **今後の事業計画はどうなっているか**
- **他社プロダクトとの違いや競合優位性は何か**

プロのキャリアアドバイザーは企業の経営者や人事との打ち合わせにより、求人票には記載しきれない詳細な情報をもっています。加えて、転職市場の情報や動向だけでなく、他の求職者の事例も有しているでしょう。

このようなプロのキャリアアドバイザーに相談することで、これまでの経験や実績、自分の価値観、転職によって成し遂げたいことなどにもっともマッチした、企業や求人に出会う確率を高めることができます。

3-3-2 企業HP、転職サイト、人材紹介会社の比較

図3-8に企業HP、転職サイト、人材紹介会社のそれぞれを利活用した際の比較を示します。**7つの観点を順に説明していきますので、自身の目的に応じて検討してください。**「○」は適している、「×」はあまり適していないことを示しています。

利用の手軽さとは、それぞれへのアクセスのしやすさのことです。企業HPでは自分のペースで、情報収集から応募までを進めることができます。一方、転職サイトや人材紹介会社では、個人情報の登録などの手続きが必要であるため、手軽さは企業HPに劣ります。人材紹介会社は面談を実施する必要があるので、情報だけ得たい人にとってはひと手間かかるでしょう。

求人情報の種類・検索性とは、取り扱う情報量や多様性を示しています。どのような企業があるのか？　どのような求人があるのか？　など、対象（調べたい・応募したい）企業や職種が特定できていない場合は、転職サイトを活用すれば容易に検索できます。もっとも情報の種類が多く、抜け漏れなく調べたい方におすすめです。

求人情報の鮮度とは、「情報の更新がタイムリーに行われているか」を指します。求人情報は企業が作成している情報であるため、企業HPの情報鮮度が一番高いです。一方、転職サイトや人材紹介会社は、企業からの情報連携がとれていなかったり、連携のタイムラグが生じることがあるため、情報鮮度はやや落ちるでしょう。ただし昨今は、ATS（Applicant Tracking Systemの略で採用管理システムのこと）による情報連携が行われているため、ほぼタイムリーに情報がアップデートされています。

求人情報の詳しさとは、情報の具体性の度合いを示しています。企業HPが一番詳しい情報をもっていることはいうまでもありませんが、必要な情報のすべてが記載されているわけではありません。一方人材紹介会社

■ 図3-8　企業HP・転職サイト・人材紹介会社の比較

観点	企業HP	転職サイト	人材紹介会社
利用の手軽さ	○	△	×
求人情報の種類・検索性	×	○	△
求人情報の鮮度	○	△	△
求人情報の詳しさ	○	△	○
選考アドバイスの有無	―	―	○
年収交渉の代行有無	―	―	○
転職に限らないキャリア相談の有無	△	―	○

であれば、企業の人事や部門長、さらには経営陣との打ち合わせの機会を設けて情報収集をしているため、企業HPに掲載されていない情報も有しています。企業との連携が深い人材紹介会社であれば、時として企業HPよりも詳しい情報を提供できるでしょう。

選考アドバイスの有無とは、選考が進む段階で他者からのアドバイスやフィードバックを得られるか否かです。人材紹介会社を利用する際、これを期待をしている方が多いのではないでしょうか。ほとんどの人材紹介会社では、職務経歴書の添削や面接アドバイス、過去の面接情報の提供などを無料で行っています。

年収交渉の代行有無とは、求職者本人にかわって交渉を代行できるか否かです。人材紹介会社が年収交渉をすることはもちろんありますが、メジャーリーグの世界で代理人が行っているような交渉とは大きく異なります。個人が企業に伝えにくい情報（たとえば家族の意向が強く年収を下げられない、配偶者が示されている金額に反対している、他社のオファー提示金額など）を共有しながら、できる限り求職者の希望に沿うように交渉をしていきます。ただし、この交渉によって年収額が大きく上昇する性質のものではないため「年収交渉の代行」としています。

転職に限らないキャリア相談の有無とは、キャリア全般について相談できるか否かです。人材紹介会社の中には、いますぐではなくとも中長期的な転職に関する相談や、現職で悩んでいること、転職とはまったく関係のないキャリアに関する相談を受け付けている企業もあります。目先の転職だけではなく、中長期でのキャリアを相談できる点は大きな特徴です。キャリアにおけるパートナーとして接点をもっておくことは、きっと今後のキャリアにとって大きなプラスになるでしょう。

3-3-3 目的・選定軸に立ち返って絞り込む

調べた求人の中から希望にマッチした企業や求人を絞り込むのは、なかなか骨の折れる作業です。ではどうすれば絞り込むことができるのか。明確にいえるのは、ステップ1で示した転職の目的や選定軸に即して考えることです。これを怠ってしまっては、真に求める求人を絞り込むことは難しくなります。ステップ1で紹介した企業選びの8つの軸（図3-4）に沿って、以下の点を考え、応募したい企業を絞り込んでいきます。

- **譲れるもの、譲れないもの**
- **優先したいもの、劣後するもの**

大事にする軸が変われば、応募する企業も必然と変わってきます。**「人気企業だから」「友人がよいといっていたから」という理由だけで企業を選定せず、自らの目的や軸に沿った企業を選ぶようにしましょう。**

絞り込む際には何社まで絞り込むかも意識しましょう。応募企業数は求職者によって千差万別です。多すぎると、ただでさえ現在の業務で忙しい中で面接をする余裕がなくなってしまったり、一つひとつの企業に集中しきれず不完全燃焼で終わったりしてしまいます。一方で少なすぎると、手持ちの候補が減ってくると自信をなくしてきたり、内定獲得時に比較できなかったりするデメリットがあります。

応募企業数は「何社面接に進んでおくべきか」から逆算して考えます。私たちは「1週間に面接できるのは2〜3社まで」と求職者に伝えています。これ以上面接が増えると、おそらく現在の業務と面接の準備で忙しくなり、手が回らなくなるでしょう。一般的に面接は、ひとつの企業につき2週間に一度のペースで組まれていきます。1週間に2〜3社面接すると、つねに4〜6社ほどが面接に進んでいる状態になります。まだまだ余裕がある人は増やし、そんなに余裕をもてない人はここから減らしていくことをおすすめします。

「面接に進んでおくべき企業の数」が決まったら、書類選考の想定通過率から応募企業数（書類提出数）を逆算します。当たり前ですが、未経験者であるほど書類選考の通過率は低くなります。一方、プロダクトマネージャー経験者、とくにミドルクラス以上になればほぼ100%の確率で書類通過するでしょう。

目的や選定軸に合った求人を絞り込むためには、プロダクトマネージャーのキャリア支援について豊富な実績と知識をもったアドバイザーに相談してみてください。ただでさえプロダクトマネージャーの求人数が多い昨今では、やみくもに選んでいるだけでは埒が明きません。また、自分一人で検討しているとバイアスがかかることも多いでしょう。企業の情報をさまざまな角度からとらえ、後悔のないように納得感をもって決断するために、プロとの壁打ちをしながら決めていくことをおすすめします。

なお、矛盾したことをいいますが、キャリアアドバイザーの意見を鵜呑みにしてもいけません。よい担当者に巡り会えたとしても、求職者の人生に責任をもてるわけではありません。自分で決断をしたという事実が後々になって大きく影響してくるので、相談するときも仮説をもって臨み、最後は自分で考えて決める姿勢を忘れないようにしましょう。

3-3-4 企業やプロダクトへの理解を深める

応募したい企業や求人を探して絞る際には、その企業の理解を深めることが肝心です。 たとえば、創業者がどのような想いでその会社を立ち上げたのか、掲げているMVV（ミッション・ビジョン・バリュー）、展開している事業の市場規模、マネタイズの仕組みや売上の推移、今後の展望や将来性などについて、理解を深めましょう。最新のトピックスやプレスリリース、経営陣のインタビューにも目を通しておくことをおすすめします。どのような経歴をもつ人が集まっているのか、働き方への考え方（副業やリモートワークの可否）などを知ることで、企業の文化も知ることができます。

以下に、企業理解を深めるための観点、プロダクト理解を深めるための観点をそれぞれ紹介します。

── 企業理解を深めるための6つの観点

創業者がどのような想いをもって会社を立ち上げたのか

世の中のどのような課題を解決しようとして創業したのか、プロダクトやサービスにどれだけの想いを込めているのかを知り、自身はそれらに共感できるかを確認しましょう。

会社が掲げているMVV

MVVは、企業・組織の存在意義や価値観であり、経営陣・役員から従業員まで浸透している共通認識です。この企業風土・企業文化のもとで同社の一員になりたいと思えるか、気持ちが動くかを自分に問うてみましょう。

事業内容と市場規模

主力としている事業は何か、伸びている市場なのか、どの程度まで市場は大きくなるのか、競合はどの程度いてどのような立ち位置にいるかなどを調べましょう。ここがプロダクト戦略にも大きく影響してきます。

サービスのマネタイズの仕組みや売上の推移

マネタイズの仕組みの改善点、また売上の推移に関しても調べておくとよいでしょう。IR資料などがあれば詳細に記載があるはずです。未上場の場合なども、採用資料などを読み込んで理解を深めましょう。

今後の展望や将来性

いまはインターネットで検索すれば業界動向や注目企業に関する記事などを容易に得られます。その企業・事業の「勝ち筋」を読みとるのはもちろんですが、「今後の展望や将来性」に自身の気持ちがワクワクしているかどうかが実はとても大事なことです。他分野への参入、新規事業構想、海外展開など、どのように成長戦略を描いているかを調べつつ、仮説を立ててみてください。

最新のトピックスやプレスリリース、経営者や社員のインタビュー

会社の事業やサービスの理解だけではなく、企業理解を深める意味で最新の情報は欠かせません。企業の最新の動向はもちろん、中で働く人の生の声から企業のカルチャーといったソフト面の理解も深まります。この人たちと一緒に働きたいという感情がわき起こるか否か、は大事なポイントです。

── プロダクト理解を深めるための5つの観点

世の中の何の課題を解決するために、もしくは何の価値を創造するために立ち上げられたプロダクトなのか

HPやSNS、その他メディアなどで、創業者が世の中のどのような課題を解決しようとして創業し、プロダクトやサービスにどれだけの想いを込めているのかを知り、それらに共感できるかを確認しましょう。

プロダクトがつくり出そうとしている世界はどのようなものなのか

プロダクトの世界観や未来像などについても、企業HPやプロダクト説明資料、また経営者やプロダクトマネージャーが発信しているnoteやSNSなどから読みとれることが多いです。ここも自身がその世界を創り出すことに熱量高く取り組めるかを確認しておきましょう。

ユーザーは誰で、困り事は何なのか

ユーザーの悩みや課題感に共感できるかがポイントです。馴染みのない業界や業務であっても、「これが解決されたらどうなるだろうか」というイメージを膨らませることが肝心です。

何が競合サービスになりうるか

業界カオスマップなどを利用して業界の全体像を調べ、業界トップ1〜3位との（トップ企業であれば2位以下との）差はどこ・何にあるのかまで調べてみましょう。とくにプロダクトとしての差異がどこにあるかを知ることが肝心です。

これらを「もし自分がこのプロダクトのプロダクトマネージャーだったら」と仮定しながら考えてみる

「2-5-4 好きなプロダクトの改善案を考えてみる」を参考にしながらプロダクトを調べてみましょう。

3-3-5 実際にプロダクトに触れてみる

興味のある企業がある程度絞り込めてきたら、可能な限り実際にプロダクトに触れてみましょう。すべてのプロダクトを実際に使うことができるわけではありませんが、プロダクトを使ってみないことにはプロダクトへの理解を深めることはできません。

まずはアプリのダウンロードやブラウザを立ち上げて、実際にサービスを利用してみます。ユーザー視点で感じた使い勝手のよさであったり、感動した点、逆に使い勝手の悪さや、もっとこういう機能があったらよいのにという視点など、そのプロダクトに抱いた全体的な印象をメモに残しましょう。この際に、**最初に手に取った印象だけに留まるのではなく、そのプロダクトを何度か利用したうえでメモしてみるとよいでしょう。**そうすることで、よりリアルなユーザー視点でプロダクトへの理解を深めることにつながるはずです。

このとき「プロダクトチェックシート」(図3-9)を活用してみてください。このシートは、この後のステップで紹介する「カジュアル面談」や「面接」などでも役立てることができるはずです。

BtoCプロダクトであれば実際にPCやスマートフォンで触れられるかもしれませんが、BtoBプロダクトは個人契約ができないものも多く、すぐには触れられないものも存在します。その場合には、できる限りHPにある資料や情報を読み漁ったり、Web上で口コミを検索してみたりするのがよいでしょう。

■ 図3-9　プロダクトチェックシート

企業名： プロダクト名：	
A. ユーザーとしてプロダクトに触れることができた場合（BtoC／BtoB）	**「いちユーザー」として感じたことを自由に率直に記載**
1. 直感的に感じたこと 完全にユーザーになり切って初めてサービスに触れた印象など	
2. 感動ポイント ○○の操作が気持ちよかった！ ○○はとてもわかりやすいなど	
3. 残念ポイント ○○の画面遷移に違和感があったなど	
4. サービス利用2回目以降に感じたこと 複数回使用した際の印象など	
B. ユーザーとしてプロダクトに触れることができなかった場合 （とくにBtoB）	**得られる情報の中から感じたことを記載**
5. 企業の担当として問い合わせフォームから問い合わせをしてみる 「営業を受けている身」として感じたことなど	
6. 企業HPのプロダクト説明資料を見た感想 「営業を受けている身」として感じたことなど	
7. 企業HP以外で、ピッチ動画やサービス説明などを見た感想 「営業を受けている身」として感じたことなど	
C. 自分がプロダクトマネージャーの場合	**ユーザーではなく、プロダクトマネージャーになったつもりで記載**
8. どのマーケットのどのようなターゲットに向けたプロダクトか？ マーケットの市場規模や競合他社の情報も把握する	
9. ターゲットペルソナや課題は？ ペルソナの生活を想像しながら、課題についての仮説を立てる	
10. 対象ユーザーに憑依してプロダクトを使用した際の感情や印象は？ 使用前、使用中、使用後のそれぞれ感じたことなど	
11. 何があればユーザー体験がさらによくなるか？ ペルソナの生活を想像しながら考える	
12. 何がなくなればユーザー体験がさらによくなるか？ ペルソナの生活を想像しながら考える	
13. 競合プロダクトと比較したときの差別化ポイントは？ プラスとマイナスの両方の視点から複数挙げる	
14. 差別化ポイントを踏まえたうえで、さらに必要な機能は？ 全ユーザーの願いをかなえるのではなくペルソナにとってのベストを考える	

経験豊富な現役のプロダクトマネージャーは以下のような方法でBtoBプロダクトを調べています。

- **利用希望者として企業の問い合わせフォームから問い合わせし、営業を受け、ログインできるところまではやってみる**
- **SaaSプロダクト関連のイベントやセミナー、もしくはコミュニティに参加して情報を得る**
- **企業HPだけではなく、YouTubeなどに事業ピッチ動画やレクチャー、FAQ動画などが公開されていないか調べる**
- **口コミはあくまで参考情報としてとらえ、「鵜呑み」にはしない**

BtoCプロダクトと比べると触れられる量は少ないかもしれませんが、できる限りのアクションをして、自分なりに考えられるかが大事な点です。また、仮にプロダクトに触れられたとしても、その業界や特定の業務に対する知識などがないと、プロダクトを真に理解することは難しいかもしれません。

できる限り業界のペインを調べてみたり、どんな業務フローになっているかを知り合い伝いで聞いてみたりしましょう。その過程で自分が興味・関心をもてるか、その課題を解決したいと思えるかの気持ちを振り返り、受ける企業を決めていくことをおすすめします。

3-4 ステップ3 相手が会いたいと思う職務経歴書をつくる

3-4-1 キャリアの棚卸しをする

転職活動を始めようと思ったら、履歴書や職務経歴書を作成しなければなりません。履歴書は簡単に作成できますが、職務経歴書の作成は時間がかかり、正解がないがゆえに完成させるにはひときわ苦労します。きっと職務経歴書を書こうとするだけで、億劫になってしまう人もいるのではないでしょうか。

私たちは普段から「職務経歴書は転職活動時に書くのではなく、日常的にキャリアを棚卸ししながら書くようにしましょう」と伝えています。普段からこまめに自身のキャリアを振り返って、それを文字に起こしておくことが肝心なのです。

キャリアの棚卸しとは、これまで携わってきた仕事や実績、培ったスキルなどを書き出してキャリアを振り返ることを指します。では、キャリアの棚卸しはなぜ必要なのでしょうか。大きく3つのメリットがあります。

1つ目のメリットは、転職活動に向けて、自分が過去から現在までにどんな「経験・実績」「能力・スキル」をもっているかを明確にできることです。何が「得意・強み・できるのか」、何が「不得意・弱み・できないのか」を改めて自己認識し、自分なりに言語化します。

2つ目は、今後のキャリアの方向性（進むべき道）と、そこに向けた課題と成長の伸びしろが明確になることです。自分が目指すキャリア、やるべきことが明確になれば、日々の仕事に対する向き合い方やモチベーションにもよい影響を及ぼすことでしょう。

そして3つ目のメリットは、これらの自己分析だけに限らず、転職活動に大いに役立てることができる点です。自分がどんな経験・スキルをもっているのかが明確になれば、それだけ「自分の経験・スキルを活かせる求人」が見つけやすくなります。また、企業に提出する職務経歴書にて自身がアピールすべきことを具体的かつ、読み手にわかりやすく整理して伝えることもできるでしょう。

日常的にキャリアを棚卸ししていれば、職務経歴書の作成はさほど難しいものではありません。キャリアを振り返る癖をつけてみてください。

3-4-2 基本的な書き方の作法を知る

ここからは職務経歴書を書く際の基本的な作法やポイントを紹介します。実際の職務経歴書の作成例は次項「3-4-3 職務経歴書の成功の法則と実際の記入例」にて記載していますので、適宜参照しながら読み進めてください。

― 職務経歴書とは何か

職務経歴書とは、これまで経験してきた業務内容やスキルを記載した書類のことです。社会人になってから現在に至るまでの間に携わった仕事や業務、有している経験、実績、スキル、そしてそれらをどのように活かせるのかを企業へアピールすることを目的としています。一般的にはA4サイズの用紙を用い、2〜3枚にまとめます（多くても4枚程度にまとめるのが好ましい）。

その理由は、シンプルに少ない枚数の方が読みやすいからです。せっかく長い時間と労力をかけて5枚も6枚もある大作をつくり上げても、書類選考の担当者も日々の忙しい中で大量の書類を見ているため、全ページを隅々まで見てくれないかもしれません。限られた時間内で書類選考をしている読み手に対して、端的かつわかりやすく伝わる職務経歴書に仕上げることがポイントです。

前提として、職務経歴書に決まったフォームや型はありません。形式があるわけではなく自由記載で問題ありません。とはいえ、一般的によく目にする形式や構成に沿って記載するのが無難でしょう。職務経歴書の基本的な書式および主に記載する項目は下記になります。

①職務要約
②活かせる経験・知識・スキル
③職務内容
a. 会社概要
b. 職務経歴（実績・役職・役割など）
④自己PR
⑤資格

それぞれの項目の記載の仕方を①から順に説明していきます。

①職務要約

職務要約とは、これまでの職務経歴のサマリーです。社会人1年目から現在に至るまでどういう経歴で何をしてきたのか、どんな実績を出してきたのかを経歴ダイジェストのイメージで記載します。書類選考の際、採用担当者は、ここでどういう経験をもっている求職者なのかを大まかにとらえ、その下に記載している職務経歴（③のb.）に目を通します。期待感をもって職務経歴を見てもらえるか否かの「つかみ」は、この職務要約にかかっています。**文字量にして5〜7行程度がよいでしょう（文字サイズや余白の大小によって異なる）**。箇条書きよりも、文章で書く形式をよく見かけます。

―― ②活かせる経験・知識・スキル

募集要項にある「求める経験・スキル（必須条件／歓迎条件）」を満たしている経験だけではなく、希望する業務に関連する資格・スキルをもっている場合は、それらを含めて「活かせる経験」として数行で記載しましょう。ただし、**より注力してアピールするのは職務経歴の欄とし、ここではあまり分量を割かずに記載することをおすすめします。**

プロダクトマネージャーの場合の記載例

＜活かせる経験＞

- プロダクト開発チーム（デザイナー、エンジニア、QA、DA）の統括
- プロダクトビジョン・戦略・ロードマップ策定
- ユーザーインタビュー・ユーザビリティテストによるリサーチ・体験設計、企画〜リリースまでのプロジェクトマネジメント
- データ分析を用いた課題特定、効果検証、アジャイル開発を用いた開発プロセスの推進などに従事
- 事業戦略に基づいたプロダクト戦略の策定
- デジタルプロダクトの企画・設計・要件定義
- アジャイル開発における開発チームのリード
- ユーザーインタビューなどの定性調査による課題の発見・分析
- プロダクトの定量分析による課題の発見・分析

＜スキル＞（使用可能ツール）

- BIツール：Tableau、Domo、Google Analytics
- プロジェクト管理ツール：Jira、Confluence
- 開発・実装：PHP、MySQL、HTML5、CSS3、javascript、C++、C#、Ruby on Rails

- デザインツール：Figma、Photoshop、illustrator
- office（Word、Excel、PowerPoint）

（※企業側が求めているもの（求人票に記載のある必要条件や歓迎条件）を参照しながら、自身のスキルをできる限り記載するようにしましょう）

エンジニアの場合の記載例

- Webサービスのアーキテクチャ設計
- バックエンド開発、フロントエンド開発両方の経験
- 開発工数の見積もり
- スクラム経験
- 認定スクラムマスター（CSM）
- 認定プロダクトオーナー（CSPO）
- SQLなどを用いたデータ抽出、分析
- 経験言語：Ruby on Rails、JavaScript、React、Python

事業企画の場合の記載例

- 事業課題とユーザー課題を意識した数値改善案の検討
- 新規事業の企画、立ち上げ
- 事業計画の策定、管理
- アライアンス
- プロダクト部門との定期的な進捗会議の運営

マーケティングの場合の記載例

- マーケティング戦略立案
- データ集計・分析
- 市場調査設計
- デジタルマーケティング（SNS、コンテンツマーケティング）

- SEO対策
- 運用経験のある媒体：Facbook、Twitter、LINE広告、Google広告
- 使用ツール：Google Tag Manager、Tealium、Google Analytics、Tableau

UIデザイナー・UXデザイナーの場合の記載例

- プロダクトの体験設計／品質管理
- ユーザーインタビューや定量調査を用いたユーザーリサーチ
- プロトタイプやカンプを用いたデザインアプローチ
- デザイン組織の人材戦略、人員計画
- 使用ソフト：Illustrator、Photoshop、Dreamweaver、Figma
- 使用言語：HTML5、CSS、JavaScript、PHP

経営コンサルタントの場合の記載例

- 事業戦略、事業計画策定
- ビジョン策定
- プロジェクトマネジメント（QCD管理、人員管理）
- 社外との共同事業推進
- 業界や課題の異なるクライアントに対するキャッチアップ力

プロジェクトマネージャーの場合の記載例

- QCDを意識したプロジェクトマネジメント
- 要件定義、仕様策定
- エンジニアとの豊富な折衝、コミュニケーション経験
- 認定スクラムマスター（CSM）
- 認定プロダクトオーナー（CSPO）
- SQLなどを用いたデータ抽出、分析

セールス・カスタマーサクセスの場合の記載例

- ユーザーとのコミュニケーション、課題抽出
- プロダクトへ反映させる要望の提案
- プロダクトの理解に基づいた顧客への提案

職種共通の記載例

- 職種をまたいだ業務上のコミュニケーション
- 共通のゴール設定に向けたチームビルディング経験
- プロジェクトマネジメント力

── ③職務内容

これまで所属した企業を1つのモジュール（まとまり）として、在籍企業ごと（もしくはプロジェクトごと）に詳細な職務経歴を記載していきます。通常「編年体形式（古い経歴から新しい経歴へと順に記載）」もしくは「逆編年体形式（最新の経歴から過去を遡る順に記載）」のいずれかで記載します。**私たちは後者の逆編年体形式をおすすめします。**通常、もっとも企業が重視するのは直近の経歴であり、過去であればあるほど参考にする可能性が低くなるためです。伝えたいことは上（最初）から書いていくほうがよいでしょう。

モジュール内は大きく分けて、会社概要と職務経歴に分かれます。

a. 会社概要

法人格（例：株式会社、合同会社）、事業内容、設立年月日、資本金、従業員数、売上などを記載します。重要度は低いため1〜2行で構いません。

b. 職務経歴

ここが職務経歴書で最重要のパートです。ここで合否のほぼすべてが決

ります。職務経歴では主に以下の事柄について記載します。

- **期間**
- **担った役職・役割**
- **実施業務**
- **目標達成・ミッション遂行のための工夫**
- **具体的な数値の記載を伴った実績と成果**

上記がひとつのモジュールになります。複数企業に在籍した経験がある場合は、そのモジュールを逆編年体形式で記載していきます。一方、所属企業が1社だけの場合は、各部署での経験やプロジェクトをひとつのモジュールとして分けて記載しても問題ありません。

書き方としては、箇条書きと文章による補足説明を適宜織り交ぜながら記載すると、見やすくて具体的な内容になります。具体例は次項にて詳述します。

個人での実績や成果はもちろん、マネジメントとしての職務を担っている場合は、チームや組織としての実績なども記載しましょう。

重要なのは、企業が見たいと思うエピソードや内容を記載することです。現役のプロダクトマネージャーであれば、企業側はプロダクトマネジメントの実績が一番見たいはずです。しかしマーケティングの経験ばかり書いてしまうと、「プロダクトマネージャーのポジションにはあまり関係ないな……」と思ってしまうでしょう。**コツとしては、その企業の求人票に記載されている「業務内容」に近い経歴や実績を記載することです。**そうすれば「おっ、この人は即戦力になるかもしれない」と判断されやすくなります。

未経験者であっても、プロダクトマネジメント業務に近いエピソードや、プロダクトマネージャーと関わった業務を記載するのがよいでしょう。どのエピソードをどこまで具体的かつ抽象的に記載するかは非常にセンスが問われる部分です。だからこそキャリアアドバイザーなどに相談することをおすすめします。

関わった業務をすべて記載する必要はありません。すべて書いてしまった結果、7〜10ページにふくれあがった大作を何度も目にしました。先述の通り、こういった職務経歴書はすべてを読んでもらえない可能性も高く、**「端的にまとめられない人」という印象を与えてしまうリスクがあります。**「企業が欲しそうなエピソード」に絞りましょう。ただし、プロダクトマネージャーとしての経験年数が浅い場合は、多くなりすぎない程度にすべてを記載しても構いません。

― ④自己PR

自己PRは、一般的に文章か箇条書きで記載します。能力や強み、人柄など、自分のよいところをアピールする文章になりますが、「いったもの勝ち」にならないよう気を付けて記載しましょう。

自己PRをしっかりと書く人は比較的多いのですが、採用担当者は職務経歴詳細の欄ほど自己PR欄を見ていないことがほとんどです。なぜなら、自己PRはあくまで自己評価であり、自己をアピールすることを目的に記載された文章なので、実態と異なることが多いからです。

たとえば、「コミュニケーション能力には自信があります」と記載していても、コミュニケーション能力が高いか低いかは、求職者自身ではなく採用側が判断する、というのが企業のスタンスです。コミュニケーション能力をアピールしたければ、それを証明するエピソードを職務経歴の欄に記載するのがよいでしょう。また、エピソードを面接で聞かれた際に、しっかりと語ることができて相手が十分納得できるような内容のものでなければ、むしろ記載しないほうがよいでしょう。

また、志望理由も応募企業からのリクエストがない限りは記載する必要はありません。中途採用における書類選考は、あくまでも職務経歴を評価するためのものです。それを通過してはじめて、面接で志望動機が聞かれる流れとなります。書類選考を通過するために、まずは職務経歴の構成に全力を注ぎましょう。

そのうえで自己PRを書く意味は、自身の経歴を反芻し、企業に伝えたいことを整理する、というプロセスを踏むことにあります。自らが思う自身の強みを伝え、それにまつわるエピソードなどを記載することは、面接の準備にもきっと役に立つでしょう。

⑤資格

資格の「基本的な書き方」の例は以下の通りです。記載するような資格がない場合は、「資格」の項目自体設ける必要はありません。

<資格>

- TOEIC公開テスト　スコア850（2022年○月○日）
- 基本情報技術者試験 合格（2012年○月○日）
- ITストラテジスト試験 合格（2020年○月○日）

3-4-3 職務経歴書の成功法則と実際の記入例

職務経歴書の成功法則とは

書類選考では、職務経歴の内容次第で合否のほぼすべてが決まります。職務経歴を書こうと思えば、これまでの経験を振り返り、やってきたことをただ単に箇条書きにして手っ取り早く仕上げることもできるでしょう。しかし、いくらすばらしい経歴や実績を有していても、企業側が「会ってみたい」と思える内容になっていないと書類選考を通過できません。プロダクトマネージャーの職務経歴書には、書き方の「成功法則」があります。具体的には次の3つの要素を盛り込むことを指しています。

- **「課題」「打ち手」「成果」の3つをワンセットにして書く**
- **プロダクトマネージャー組織での立ち位置について書く**
  (組織体制・人数、担当プロダクト／1名で担当しているのか、複数名で機能ごとにプロダクトを担当しているのかなど)
- **他の職種**（エンジニアやデザイナーなど）**の人達とどのような仕事をしてるのかを書く**

成功法則の中でももっとも重要な「『課題』『打ち手』『成果』の3つをワンセットにして書く」について、もう少し丁寧に説明します。

── プロダクトの「課題」

「課題」はプロダクトの課題を指します。どのような課題なのかはもちろん、それがなぜ解決すべき課題となっている（いた）のか、といった理由や背景も記載します。「なぜ」解決すべき課題である（あった）のか、を丁寧に書くことで、プロダクトの置かれている背景を読み手がイメージしやすくなります。とくに、なぜ複数ある課題の中から、その課題に目をつけて着手したのか、の意図も記載するようにしましょう。

── 課題に対して実際に行った「打ち手」

「打ち手」は、課題に対して実際に行った具体的なアクションを指します。たとえば、「数値分析／グロース施策の立案を行った」「○○を○○のメンバーと共に○か月の短い期間で改善した」「ユーザーヒアリングを○○人に○○回行った」「経営会議にて○○の提案を行った」などです。自分が実施した行動と業務内容をより具体的に記載するために、期間や人数などの数・量に関する記載はしておきましょう。この打ち手は比較的書きやすい部分だと思います。

―「成果」

そして最後に「成果」です。ここがもっとも重要であり、記載するのが難しい部分だと思われます。ここでは、その打ち手によってプロダクトにどのような価値をもたらしたのか、までを記載してください。打ち手はアウトプットであり、ここで求められているのは、実績や成果であるアウトカムにあたります。

プロダクトマネージャーが達成すべきことは、「プロダクトロードマップを作成した」「開発マネジメントを行った」というアウトプットではなく、そのプロダクトにどう成長をもたらしたかです。どんなによいロードマップが描けたとしても、プロダクトが成長しなければ何の意味もありません。PVやCVRの変化、ユーザー数の変化、チャーンレート（解約率）の変化、売上の変化などのように定量的であればあるほど望ましいです。

実はこの「成果」の記載に苦戦する方が非常に多いです。打ち手はすらすら書ける一方で、「成果・実績は何ですか？」と問われると筆が止まってしまいます。**日頃から「自分のやったことはどんな成果・実績につながっているのか」を意識しておくことが肝心です。**

成果は第三者が客観的に判断できるように、できる限り具体的な数字を記載してください。定量的なものが一切なく定性的な表現ばかりになってしまっては、やってきたことは伝わるにしても、どれだけ力量があるのかは判断ができません。よほど魅力的な経歴の持ち主でない限り、定性的な記載ばかりではなかなか面接の機会を得ることはできないでしょう。採用担当者は「何をしてきたか」の確認もしていますが、「何をどれくらいやってきたのか」という定量的な確認も当然しています。ここでいう「どれくらい」は、期間のことだけではなく、規模や人数、成長／削減率なども含みます。たとえば、以下のようにできる限り数字で表現します。

- **主な体制について人数まで記載する**（例：プロダクトマネージャー1名、UXディレクター1名、エンジニア2名、その他事業部関係者2名）
- **取り組みと実績について期間や達成率まで記載する**（例：サービスMAUグロースのための新機能開発：機能リリースから3か月でサービス内最多利用者数の機能に成長。MAUは+35%で上昇しており、広告収益源として大きく貢献）

長期間にわたって実績を重ねてきた業務については、年度ごとの売上の推移や自分が担当する前後での比較を数値化して記載するなど、変化がわかるように工夫してみてください。

以上のように、成功法則に則って職務経歴書を作成するのは、多少時間と労力が必要となりますが、ここが十分に記載できればきっとどの企業からも「会いたい！」と思われるような結果をもたらしてくれるはずです。

ここからは、プロダクトマネージャー、プロジェクトマネージャー、エンジニア、事業企画それぞれの職務経歴書の具体的な書き方を例を示しながら紹介していきます。なお、各職務経歴書は巻末の「会員特典のご案内」のURLからダウンロードできますので、原寸レイアウトで確認されたい場合はそちらもご活用ください。

3-4-4 プロダクトマネージャーの職務経歴書の書き方

図3-10に現役プロダクトマネージャーの職務経歴書の成功法則記述か所の例を、図3-11に職務経歴書の全体の例を示しますので、参考にしながら記載してください。

■ 図3-10　現役プロダクトマネージャーの職務経歴書の成功法則記述か所の例

2020年〇月～2023年〇月〇〇事業部
〇〇向け〇〇サービスのプロダクトマネージャー（スマホ、Web）

■課題
PoCから先に進まず、本格導入企業数が増えない

プロダクトの訴求が“〇〇との連携ができる”、“業務にかかる時間を削減できる”など、課題ベースではなく機能ベースの訴求になってしまっていた。そのため顧客に導入の理由を聞いてもデジタル化を進めたい、新しい取り組みをしたい、など、課題解決につながっていないことが明らかで、PoCから先の導入に進まなかった。
[※注意点としては、担当プロダクトやプロジェクトのタイトルだけの記載にならないようにしましょう。なぜそのプロジェクトを行うことになったのか、などの背景を踏まえて課題を記載してください]

■体制
プロダクトマネージャー1名（自分）、エンジニア4名、デザイナー1名
事業責任者（代表取締役）
[※注意点は、規模感などを示せるように、具体的な人数なども記載しましょう]

■打ち手
導入企業の中でも熱心に取り組んでいただいている会社にヒアリングを実施。主なユースケースに分けたうえで、プロダクトチーム全体で顧客企業に対するプロダクトの価値を再定義した。
[※注意点としては、「・ヒアリングの実施」「・プロダクト勝ちの再定義」などのように箇条書きのみにしないようにしましょう]

■成果
導入時には追うべき成果とセットで顧客に訴求を行うことで、機能開発に対する明確な優先度の判断軸ができ、月次の導入ペースが2.5倍に上昇した。
また、プロダクトの価値が顧客に再認識されたことで過去導入に至らなかった顧客のうち、25%程の顧客への再アプローチが実現。
[※注意点としては、「機能開発に対する明確な優先度の判断軸ができた」「プロダクトの価値が顧客に再認識された」に留まらず、**課題がどのように解消されたのか、その結果どのような成果を生み出したのかを具体的な数値を交えて記載しましょう**]

■ 図3-11　現役プロダクトマネージャーの職務経歴書例

職務経歴書

20○○年○月○日 現在

氏名　○○○○

■職務要約

アプリ、Webサービスの開発をエンジニアとして○年、プロダクトマネージャーとして○年間経験。アプローチする社会課題の大きさに惹かれ、新卒として****社に入社し、Androidエンジニアからスタートして Rails、Kotlinによる開発、ECのシステムリプレースのリードなどを担当。その後プロダクトマネージャーへ転身し、裁量が大きく、ドメインとしても興味の高い現職へ転職。主に○○のプロダクトマネジメントを中心として新規プロダクトの立ち上げ、既存プロダクトのグロースを経験しいまに至る。

■活かせる経験／知識／スキル

・プロダクトビジョン、プロダクト戦略、ロードマップ策定
・ユーザーインタビュー・ユーザビリティテストによるリサーチ・体験設計、企画～リリースまでのプロジェクトマネジメント
・データ分析を用いた課題特定／効果検証、アジャイル開発を用いた開発プロセスの推進
・アジャイル開発におけるPOとしての役割経験
・プロダクトの定量・定性の両面での分析による課題の発見・分析

■職務内容

20○○年○月～現在　株式会社○○○○ 事業内容：○○○サービスの提供　従業員数：○○名　売上非公開	
20○○年○月～現在 ／ to B向け 遠隔接客サービスのグロース	チーム構成
① 製品コンセプト、プロダクトの解決すべき課題の整理 ■課題・背景 プロダクトの訴求が「○○○ができる」など、課題ベースではなく機能ベースの訴求になってしまっていた。結果、顧客に導入の理由を聞いても「デジタル化を進めたい」「新しい取り組みをしたい」等、現在顧客が抱えている課題解決につながっていないことが明らかで、PoCから先の導入に進まなかった。 ■打ち手 ・導入企業の中でも熱心に取り組んでいただいている会社にヒアリングを行い、主なユースケースに分けたうえで、プロダクトの価値を再定義。 ・新規開拓の営業を自らも行い、ターゲット企業の潜在的な課題を解決するプロダクトの価値についての定性調査を行った。	全体で12名 PM1名(自身) エンジニア5名 デザイナー1名 QA1名 事業開発1名 営業3名

<table>
<tr><td>■成果
新規の導入時には「どんな課題を解決するものなのか」という観点で自社プロダクトの価値を訴求。機能開発に対する明確な優先度の判断軸ができ、解くべき課題にフォーカスすることで100件を超える本格導入につながった。

② オペレーション課題の洗い出しと解決

■課題・背景
導入数が増える中、導入までの社内の作業コストがボトルネックになっていた。具体的には、設置するハードウェアデバイスのキッティングや、現地に設置する際の導入支援などが大きな負担となっていた。さらに課題をブレークダウンした結果、
・設置先によって運用時間帯などの運用ルールが異なり、毎回設定が必要。
・設置作業をする方のITリテラシーが低く、すべての作業にサポートが必要
等の課題が浮かび上がった。

■打ち手
・エンジニアチームからの提案により、キャッシュの活用や運用時間帯を設定できる機能を付加。導入現場での大まかな状況から設定にかかる手間を大幅に削減。
・設置作業時の作業を画面上でクリアにできるようチュートリアルモードをブラッシュアップ。文言やアラートの出し方などを徹底的に精査。

■成果
・毎回の導入時に半日ほどかかっていた作業の自動化に成功。エンジニアチームのリソースがカスタマーサポートに割かれることが少なくなり、開発スピードが○○％アップした。
・導入企業での活用機会の増加により、チャーンレートが○ポイントダウン。</td><td></td></tr>
<tr><td colspan="2">20○○年:月～20○○年○月　株式会社○○○○○
事業内容：○○○サービスの提供　従業員数：○○名　売上非公開</td></tr>
<tr><td>20○○年○月～20○○年○月　／ リードエンジニア</td><td>規模</td></tr>
<tr><td>■課題・背景
自社ECサービスのシステムリプレース。老朽化した自前のECシステムを外部のシステムでリプレースを行い、運用負荷を下げると同時に顧客にストレスのない買い物体験を提供する。</td><td>15～18名
エンジニア9名(自身含)、
デザイナー3名、
PdM 1名
QA3名、
EC運営2名</td></tr>
</table>

■業務内容 ・ECツールの技術調査 ・各ステークホルダーに対するヒアリングと課題の洗い出し ・経営陣、事業部長とのリプレース合意 ・リリースに向けたスコープの作成 ・実装及びマネジメント ■成果 ・インシデントなしでリプレースのリリースを実施 ・スムーズなクーポン、ポイント施策が可能になり主力事業へ	

■自己ＰＲ

<多様な職種のメンバーとのプロジェクト進行>

エンジニアバックグラウンドであること、夜間で通っていた専門学校でデザイナーとの展示プロジェクトを行っていた経験を活かし、各ロールからの信頼を得て、積極的な提案を出せ、よい雰囲気で仕事をできる環境をつくることができます。また、CEOがCPOも兼務している状態でもあり、経営戦略とプロダクト戦略のすり合わせという観点での打ち合わせを行ったり、ビジネスサイドのメンバーとの定期的な意見交換なども行っています。

<課題、論点整理>

カスタマーボイスやメンバーの抱えている課題を整理し、より深く共通する課題へと議論を掘り下げることができます。要望と課題を混同せず、課題をとらえてプロダクトの価値につなげていく思考を徹底して鍛えて参りました。

■保有資格

2015年　認定スクラムマスター
2016年　認定プロダクトオーナー
2018年　TOEIC○○○点

以上

なお、プロダクトマネージャー未経験であっても、この成功の法則、とくに一つ目の「課題」「打ち手」「成果」の観点を盛り込んで職務経歴を記載してみてください。プロジェクトマネージャーであれ、エンジニアであれ、事業企画であれ、**アウトカムを意識した職務経歴書の方が、プロダクトマネージャーとしての適性を評価してもらえる可能性が高まるでしょう。**

3-4-5 プロジェクトマネージャーの職務経歴書の書き方

図3-12にプロジェクトマネージャーからプロダクトマネージャーをめざす場合の職務経歴書の成功法則記述か所の例を、図3-13に職務経歴書の全体の例を示しますので、参考にしながら記載してください。

■ 図3-12 プロジェクトマネージャーの職務経歴書の成功法則記述か所の例

■プロジェクト背景・課題
製造業クライアントAでは、ECによる拡販は成功していたものの、販売商品ラインナップの急増により、これまで使用していた在庫管理システムによる管理が限界を迎えていた。複数チャネルからの注文への対応ができておらず、カスタマーからのクレームも多く発生している状況であった。一方、経営判断としては現状を現場運用の移行期間、かつ一時的なものとして見ており、システム投資には消極的な状況であった。
[※注意点としては、プロジェクトのタイトルだけ（「製造業管理向け在庫管理システムプロジェクト」など）で終えてしまわないように気をつけましょう。なぜそのプロジェクトが起きたのかの背景を、クライアントの課題ベースで書ければベストです]

■担当
プロジェクトマネージャーとして8人のメンバーのとりまとめ
顧客への提案、要件定義～基本設計、結合テスト

■打ち手
上司を巻き込み、自ら提案書を作成し顧客経営層に提案を実施。システム投資をしないことで離れるECのユーザー数とその損失予想額、またシステム投資によりEC売上が安定化することで得られる継続的な収益予想などを見せ、経営層からの投資判断を勝ち取った。また、本システムの運用についての追加発注を獲得し、現在は本システムの収益性向上に向けて提案書作成中。
[※注意点としては、「・提案書を作成し、顧客経営層にシステム投資の提案を実行」「・現状のプロジェクトに加え、追加発注を獲得」などの箇条書きだけで終えないようにしましょう]

■成果
・ECユーザーからのコールセンターへの問い合わせ・クレーム件数75％減
・本システムの新規受注○億円、今後の運用による売り上げ想定○千万円／年と自社の売り上げに大きく貢献
[※注意点としては、**冒頭の背景や課題にリンクさせて書きましょう。**具体的な数字が書ければベストですが、書けない場合は顧客からの満足の声などを書くのも1つの手です]

■ 図3-13　プロジェクトマネージャーからプロダクトマネージャーをめざす場合の職務経歴書例

職務経歴書

20○○年○月○日 現在
氏名　○○○○

・○○○○年○月～現在　株式会社○○○○　製造業・通信業界向けシステム開発案件のPjMに従事。
・○○○○年○月～○○○○年○月　○○○○株式会社　官公庁向けシステム開発を中心に、要件定義から総合試験までの全開発工程を約5年経験。

■活かせる経験／知識／スキル
・QCDを意識したプロジェクトマネジメント
・クライアントとの折衝、期待値調整、スケジュールやコストについての認識合わせ
・要件定義、仕様策定
・在庫管理システムの業務知識
・エンジニアとの豊富な折衝、コミュニケーション経験
・独学でのWebシステム開発経験

■職務経歴詳細
□20○○年○月～現在
株式会社○○○○　売上高：○○○億円　従業員数：○○○人

期間	プロジェクト内容	環境	役割／規模
20○○年 ○月 ～ 20○○年 ○月	製造業におけるEC連携在庫管理システム刷新プロジェクト ■プロジェクト背景・課題 製造業クライアントAでは、ECによる拡販は成功していたものの、販売商品ラインナップの急増により在庫管理システムによる管理が限界を迎えていた。複数チャネルからの注文への対応ができておらず、カスタマーからのクレームも多く発生している状況であった。一方、経営判断としては現状を現場運用の移行期間、かつ一時的なものとして見ており、システム投資には消極的な状況であった。	OS: LinuxRedhat4.0 WindowsServer2003 DBMS:Oracle10g 言語:Java C VB	役割:PM 規模:650人月 要員数:約50名 ・自社SE:8名 ・他社PG:40名強

期間	プロジェクト内容	環境	役割／規模
	■担当 プロジェクトマネージャーとして自社8人のメンバーのとりまとめ 顧客への提案、要件定義～基本設計、結合テスト ■打ち手 上司を巻き込み、自ら提案書を作成し顧客経営層に提案を実施。システム投資をしないことで離れるECのユーザー数とその損失予想額、またシステム投資によりEC売上が安定化することで得られる継続的な収益予想などをプレゼン、経営層からの投資判断を勝ち取った。 ■成果 ・コールセンターへの問い合わせ・クレーム75％減 ・本システムの新規受注○億円、今後の運用による売り上げ想定○千万円／年と自社の売り上げに大きく貢献		
20○○年 ○月 ～ 20○○年 ○月	携帯電話購入管理システム開発プロジェクト ■プロジェクト背景・課題 大手通信会社の店舗スタッフが来店した顧客に携帯電話を販売する際に活用していたシステムのリニューアルプロジェクト。契約プランの複雑化、各種法令対応などに既存システムでは限界がきている状態で、大幅刷新の依頼を受けた。 なお、本件は開発要求が増加し捌き切れず、クライアントの信頼が低下していた中でのプロジェクト参画となった。	OS: LinuxRedhat4.0 WindowsServer2003 DBMS:Oracle10g 言語:Java C VB	役割:PL 規模:1500人月 要員数:約30名 ・自社SE:6名 ・他社PG:25名

期間	プロジェクト内容	環境	役割／規模
	■担当 PjMとして自社6人のメンバーのとりまとめ 顧客への提案、要件定義～基本設計、結合テスト ■打ち手 開発の優先度付けをするための観点整理、優先度定義、着手案件の合意形成に至るまでの上流工程運用を整理しクライアントに提案。 情報システム部門だけでなく業務部門へのヒアリングにより、これまで設定していた優先順位の大幅な変更を実施。 ■成果 ・改めてクライアントと合意形成した納期を遵守 ・本システムを活用した店舗での接客対応時間が未導入店舗と比較して25％減少		

□20○○年○月～20○○年○月　○○○○株式会社

期間	プロジェクト内容	環境	役割／規模
20○○年 ○月 ～ 20○○年 ○月	第4次官庁会計事務システム地方自治体導入プロジェクト ■概要 国と地方自治体の会計を連動すべく、国の会計事務システムを地方自治体に展開導入するプロジェクト。 ■担当業務 アプリケーション開発。要件定義からサービス開始までの全工程 (詳細設計から結合試験については協力会社へ発注)	OS:汎用機 DBMS:汎用機 言語:COBOL	役割:PL 規模:300人月 要員数:25名 ・自社SE:1名 ・他社PG:24名

期間	プロジェクト内容	環境	役割／規模
20○○年 ○月 〜 20○○年 ○月	財務省・歳入金電子納付システム開発プロジェクト ■概要 国へ納める歳入金についてPCや携帯電話、ATMからでも支払えるシステムの開発プロジェクト。社内表彰を受賞。 ■担当業務 要件定義からサービス開始までの全工程 (詳細設計から結合試験については協力会社へ発注)	OS:汎用機 DBMS:汎用機 言語:COBOL	役割:PL 規模:850人月 要員数:30名 ・自社SE:4名 ・他社PG:26名

■自己ＰＲ

顧客の立場に立ったシステム企画、発案力

顧客の立場に立ち、顧客の事業戦略を鑑みた場合にどのようなシステムを開発すると顧客の事業がより伸長するかを念頭に置いたシステムの企画、発案を行うことができます。システムエンジニアとして要件定義どおりのシステムを開発できることは当たり前のことであり、顧客の要望の裏側にある真の課題を抽出し、提案も交えながらあるべきシステムの姿を合意していくことができます。顧客の事業をより効率化しより拡大することに資するシステムの提案ができるシステムエンジニアが今後ますます求められます。私にはその企画、発案力があると自負しております。

Webシステム開発のキャッチアップ

これまでは業務系システムの開発をメインで経験して参りましたが、休日や平日の空き時間を活用して、独学でRailsでの簡単なアプリケーション開発を行っています。簡単なものですが、作成したものを以下URLにて公開しています。(URL:**********)また、認定スクラムマスター(CSM)資格も取得しております。

■保有資格

○○○○年○月　・Project Management Professional
○○○○年○月　・認定スクラムマスター(CSM)
○○○○年○月　・TOEIC　XXX点

以上

3-4-6 エンジニアの職務経歴書の書き方

図3-14にエンジニアからプロダクトマネージャーをめざす場合の職務経歴書の成功法則記述か所の例を、図3-15に職務経歴書の全体の例を示しますので、参考にしながら記載してください。

■ 図3-14　エンジニアの職務経歴書の成功法則記述か所の例

■背景・課題
これまでマイクロサービスを推進してきた中で、各プロダクトチームの枠を超えた課題が取り組みづらい体制になっていた。結果、組織横断的な技術課題への取り組みがされずに蓄積されてしまっていた。
緊急度の高い課題にばかりリソースを向けて、緊急ではないが重要な課題への投資がなされていなかった。
[※注意点としては、開発を担当したシステムの名称だけを記載するのではなく、なぜ、その開発にアサインされたのかなど背景から記載しましょう]

■担当
組織横断技術課題解決チームのリーダー
エンジニア6名＋CTO

■打ち手
近視眼的でない課題に取り組むことをミッションとし、組織横断の技術課題解決チームを立ち上げた。横断分野のステークホルダーを招いたミーティングを定期的に実施し、長期的なビジネスニーズの洗い出しを行った。横断組織であるからこそ見える視点で、マイクロサービス化された各組織内の課題をさまざまな視点から探索した。
健全な形で"緊急ではないが重要な課題"に取り組めるよう、予算策定の段階で各部門長への働きかけを行い、対応リソースをプランニング段階で組み込むように修正を実施。
[※注意点としては、「・組織横断のミーティングを実施」「・組織ごとの予算策定から関与」など、箇条書きで済ませないようにしましょう。ここも背景や目的に触れながら書いていきます]

■成果
・セキュリティインシデントの可能性のあるポイントに気付き、セキュリティアーキテクチャの更改に着手。将来的にユーザーに起きうる被害を未然に防ぐことができた。
・副次的な効果として、セキュリティに関するハードルが高いエンタープライズ企業への訴求ポイントが増え、新規に2件の受注が発生した。
[※注意点としては、**エンジニアの職務経歴書で欠けることが多い視点なので、ユーザーにとってのメリット、収益の貢献などの視点を入れて書きましょう**]

■ 図3-15　エンジニアからプロダクトマネージャーをめざす場合の職務経歴書例

職務経歴書

20○○年○月○日 現在
氏名　○○○○

■職務要約
株式会社○○○○に入社後、○年間サービス開発に従事しています。
バックエンドエンジニアとして社内全体を対象としたApi開発や要件定義、関係者間の調整、フロントエンジニアとしてWebページの開発、改善、運用を行っています。また、○○年からはチームの目標設定や進捗管理にも携わっています。

■活かせる経験・知識・技術
・API開発を中心としたバックエンド開発経験
・Web開発を中心としたフロントエンド開発経験
・開発工数の見積もり
・スクラム経験
・得意な開発言語：Ruby on Rails、JavaScript、React、Python

■職務経歴

2011年04月～現在　株式会社○○○
事業内容：自社ECサイト開発 資本金：9千万円　売上高：非公開　従業員数：460人　上場：未上場
20○○年○月～20○○年○月　／　レコメンドエンジンサービス開発
■課題・背景 - グループ企業のECサイトにて外部のレコメンドエンジンを採用していたが、導入後には誰もメンテナンスができる人がいない状態になっており、活用し切れていなかった。レコメンドエンジンを内製化し、持続的に改善し続けていくサービスの開発を行う必要があった。 ■打ち手 - グループ企業のEC担当者と連携をとり、パーソナライズAIを作成するために必要なデータの連携フローを整理、ETL構築 - グループ企業の膨大なデータとのつなぎ込み - レコメンドを表示させるためのJSタグの作成 ■成果・実績 - 反映後、レコメンドエンジンによる追加購入が増加し、平均客単価12％ UP - 最低限のETLとタグの開発にタスクを絞り込み、インターンと業務委託のみのチームで3か月で開発完了 ABテストが行える状態にまで整備し運用チームへと引き継ぎ

20○○年○月～20○○年○月　／　新チーム立ち上げ、開発課題の可視化と解消

■背景・課題
- これまでマイクロサービスを推進してきた中で、各プロダクトチームの枠を超えた課題が取り組みづらい体制になっていた。結果、組織横断的な技術課題への取り組みがされずに蓄積されてしまっていた。
- 緊急度の高い課題にばかりリソースが向き、緊急ではないが重要な課題への投資がされていなかった。

■打ち手
- 近視眼的でない課題に取り組むことをミッションとし、組織横断の技術課題解決チームを立ち上げ。横断分野のステークホルダーを招いたミーティングを定期的に実施し、長期的なビジネスニーズの洗い出しを行った。横断組織であるからこそ見える視点で、マイクロサービス化された各組織内の課題をさまざまな視点から探索。
- “緊急ではないが重要な課題” に取り組めるよう、予算策定の段階で各部門長への働きかけを行い、対応リソースをプランニング段階で組み込むように修正。

■成果
- セキュリティインシデントの可能性のあるポイントに気付き、セキュリティアーキテクチャの更改に着手。将来的にユーザーに起きうる被害を未然に防ぐことができた。
- 副次的な効果として、セキュリティに関するハードルが高いエンタープライズ企業への訴求ポイントが増え、新たに2件のブランドからの出品が決定。

20○○年○月～20○○年○月　／　マーケティング連携による機能実装・UI変更

■背景・課題
- サービスのシステム開発とマーケティングが連動しておらず、極端なプロダクトアウトの思想でサービスづくりを進めてきていた。結果、新規のユーザー獲得につながっていなかった。

■打ち手
- SEOを目的とした機能の実装
- UXデザイナーと協業し、ユーザーの体験向上を目的としたUI変更を実施
- ブランドごとのキュレーションページの実装

■成果
- エンドユーザーが目的とするブランドの商品を見つけやすくなった。
- サプライヤー側のステークホルダーがコンテンツをCMS的にプロモーション可能となった。
- Google検索などの流入からどこで離脱したのかのファネル分析が可能な仕様になった。

■自己PR
<幅広い開発経験>
Web開発を中心としたフロントエンド開発、API開発を中心としたバックエンド開発の双方を経験しているため、システム全体をおおまかに把握することができます。たとえばWeb開発時にバックエンドの安定性も意識した開発や、相手事情を踏まえた効率的な調整ができるようになりました。開発者として状況に応じた柔軟な開発への適応、開発の優先順位の検討時の工数の見積もりの正確性などに自信があります。

<俯瞰的、多角的視点での業務遂行>
さまざまな領域で業務を経験する中で、プロジェクト内の立ち位置や職種役割によって大切にしたいポイントや見ている指標が異なることを知りました。偏った視点で物事を決定せず、俯瞰的、多角的に物事を分析し、関係者全員にとって価値のある提案、進行の実現をすることで、納得感のある成果最大化を促進します。

■資格
2007年 基本情報技術者
2010年 応用情報技術者
2016年 Ceritified Scrum Master
2022年 AWS Certified Solutions Architect Associate
2022年 Google Cloud Associate Cloud Engineer

以上

3-4-7 事業企画の職務経歴書の書き方

図3-16に事業企画からプロダクトマネージャーをめざす場合の職務経歴書の成功法則記述か所の例を、図3-17に職務経歴書の全体の例を示しますので、参考にしながら記載してください。

図3-16　事業企画の職務経歴書の成功法則記述か所の例

■背景・課題
・収益源となっているA事業の成長率が鈍化しているため、早急に事業計画を見直して今後の成長戦略を描き直す必要があった。
・とくにここ数か月で伸びが著しいSMBを業界別に区分し、優先セグメントを踏まえたうえで、効果的なリード獲得施策の実施、営業組織体制の見直しが迫られていた。

■担当
当該事業の事業戦略・事業推進担当

■打ち手
・A事業の業界別、規模別、クライアント別の売上高推移を分析。かつ当社と類似サービスを展開する競合他社の事業展開を加味し、今期の事業計画を策定。具体的には、1〜2Qでは売上拡大の基盤をつくるために業界毎のパートナーセールス企業を選定。直販営業に頼らない販売体制を構築。その後3〜4Qでの受注拡大に向けて、社内のカスタマーサポート・カスタマーサクセス体制の見直し案を立案。
・直販及びパートナーセールスで安定的なリードを獲得するために、受注状況やパイプライン状況を可視化するためのSFAツールを導入。導入にあたっては大手コンサルティングファームと連携し、要件定義と導入支援を担当。
[※注意点としては、事業企画は得てして「業績管理」という管理業務に陥りやすい傾向にあるので、管理業務だけでなく、分析から何を得られて何の施策を実施したかも記載するようにしましょう。また、自ら立案した計画や戦略を説明する際には、機密情報に触れない範囲内で、できる限り具体的な内容を盛り込みましょう]

■成果
・当初の想定どおり、1〜2Qは売上が一旦鈍化したが、パートナー企業とのアライアンスにより、3Qより売上が回復。4QではYoY135%の受注を達成。とくに重点領域として定めた小売業界向けの業績が好転し、利益率も大幅に改善。
・業界別、規模別の売上分析結果が定常的かつタイムリーに報告される業績管理体制となったため、営業企画と連携し、重点顧客へのリソース投下が可能に。結果として、特定重点顧客10社からの受注合計は140%増を達成。
[※注意点としては、事業企画はその会社の事業全体に影響を及ぼすポジションなので、**自身の行動（打ち手）によって、事業価値にどう変化があったのかを記すようにしましょう。**計画しっぱなし、戦略を立案しっぱなしだけの記載では、十分に成果をアピールすることができなくなります]

■ 図3-17　事業企画からプロダクトマネージャーをめざす場合の職務経歴書例

職務経歴書

20○○年○月○日 現在

氏名　○○○○

■職務要約

戦略コンサルティングファームにて約○年間従事し、製造業、ITメーカー、金融業界に対してプロジェクトに参画。

2社目の○○向けSaaSサービス提供企業では、部門内の事業企画部署にて戦略策定～施策実行・モニタリングまで行い、事業成長を推進。事業戦略の策定(事業環境分析と課題の抽出、戦略代替案ごとのリスクとリターン分析など)、新規事業の創出推進、KPI設計・管理、事業計画の策定・モニタリング、事業管理方法の見直し、業務改革(営業／企画)、システム導入などに従事。

■活かせる経験／知識／スキル

- 経営層、エンジニアやデザイナー、法務部など多様な職種とのコミュニケーション
- 事業環境分析による事業ポートフォリオの策定
- データ分析に基づく施策の立案・改善（SQL）
- ユーザーヒアリング
- 新規事業の立ち上げ推進

■職務経歴

<table>
<tr><td colspan="3">20○○年○○月～20○○年○月　　株式会社○○○○○○</td></tr>
<tr><td>事業内容：　○○○○○○○○○
売上高　：　○○○億円</td><td>従業員数：　○○○○名
※東証プライム市場上場</td><td>正社員
として勤務</td></tr>
<tr><td colspan="3">経営戦略部　事業企画グループ（所属人数：x名）
社内各部門の事業企画や中期戦略の策定を担当。市場動向・周辺環境の調査や全社方針を踏まえ、中長期を見据えた注力事業の選定・立案、部内横通しでの検討体制・プロジェクトの構築等を行う。</td></tr>
<tr><td>20○○年○月
～
20○○年○月</td><td colspan="2">◆新規事業創出スキーム構築プロジェクト
■課題
市場環境の変化から新たな収益の柱となる新規事業の創出が待ち望まれていたが、仕組みがなく、トップダウンでユーザーファーストでない事業が稀に立ち上がってはとん挫する状況が続いていた。
一方で若手をはじめとした現場社員の中には相対するユーザーから寄せられる多くの要望に沿ったサービス提供ができていないことへのフラストレーションがあり、結果的にユーザーの期待に応えられていない状況であった。</td></tr>
</table>

	■打ち手 新規事業コンテストの立ち上げ ・実施要綱案を策定、役員と具体的な方法を綿密に討議 ・推進体制の構築（組織編成、役割の分担）、日程・予算管理、実行委員統括 ・社内主要会議にてプロモーション活動 ・エントリー者対応窓口、全プランの内容の精査や投票データの処理 ・コンテスト後の受賞プランの事業化サポート ■成果 全社で計xx件の応募から全社投票・部門長推薦・役員と部門長による審査を経て、1件が事業化に向けて始動。今後はその新規事業の立ち上げメンバーとして参画予定。 本スキームは社内の新規事業立ち上げのフォーマットとして今後も運用されることが決定。
20○○年○月 ～ 20○○年○月	◆事業価値分析、リソースの選択と集中化推進プロジェクト ■課題 ユーザーからの要望の吸い上げ、また事業戦略に基づくサービス機能開発などにより、各事業においてサービスや機能が乱立し、選択と集中ができていない状況であった。自社サービスのもつユーザーへの提供価値がメンバーや階層によって定義されておらず、リソースを投下すべきところにできていないためサービス全体の成長が鈍化していた。 ■打ち手 ・注力領域である○○○事業、○○○事業の2事業の事業価値分析を実施。具体的には －定量面（ユーザーの利用データ、各指標の達成状況や事業成長への貢献度など）の分析 ⇒事業への影響が強い要素をそれぞれ抽出。サービスポートフォリオを作成 －定性調査（ユーザーヒアリング、営業同席、カスタマーサクセス部門との連携など） ⇒サービスや機能ごとにユーザーへの提供価値の大きさを可視化 ・上記に基づいて事業部内リソースの最適配置の検討とその実行 ○○○事業では主機能である○○○へのユーザー要望への反映にリソースを集中。 ○○○事業では2件の機能をクローズし、新機能開発を推進

	■成果 ・○○○事業ではこれまでで最大の取引先となるエンタープライズ企業への導入が決定。 ・○○○事業ではリソースの集中により従来より速いペースで新機能のリリースを実現。

20○○年○月～20○○年○月　　株式会社○○○○○○		
事業内容：　戦略コンサルティングサービス 売上高　：　非公開	従業員数：　○○○人 ※非上場	正社員 として勤務
製造業、ITメーカー、金融業界などのクライアントの経営課題に対してコンサルティングを提供。 自身の最終職位はシニアコンサルタント。		
20○○年○月 ～ 20○○年○月	大手製造業会社のアライアンス戦略検討およびアライアンス先の選定・交渉 プロジェクト規模：9名(弊社4名)／役割：チームリーダー 競争激化に対応するため、戦略目標の実現に向けた業務提携条件の交渉先(大手企業数社)を獲得。	
20○○年○月 ～ 20○○年○月	大手ITメーカーの業務改革 規模：約40名(弊社10名)／役割：チームリーダー 競争が激化するグローバル環境に対応するため、事業戦略の見直しやフロント業務改革、組織再編などを実行し、人員適正化(約数百名)を断行。	

※上記以外の期間は○○○、○○○、○○○などのプロジェクトに従事

■自己ＰＲ

＜職種が多岐にわたるステークホルダーとの協業経験＞

新規事業創出スキームの構築においては、「これまで通りトップダウンで進めたい経営陣とボトムアップでサービスをつくりたい現場社員」「事業戦略にアラインする形でつくりたい事業部とユーザーからの意見を大事にしたい技術部門」「スピーディーに進めたい事業オーナーとリスクマネジメントをしたい経営陣や法務部門」など、さまざまな思惑や背景をもつステークホルダーと丁寧にコミュニケーションをとりつつ新たなスキームの構築に成功しました。それぞれの立場に立ち、無理な説得ではなく納得感をもってプロジェクトに参画してもらえるようリードしてきました。

＜事業とユーザー価値のバランスをとる力＞

事業価値の分析プロジェクトを通して、「収益性」だけでなく「ユーザーへの提供価値」の向上によるサービスの価値向上の大切さを学び、身につけて参りました。定量・定性両面での分析により、どちらかをおろそかにしない意思決定ができると自負しております。

■保有資格

○○○○年○月　基本情報技術者／TOEIC880点

以上

3-5 ステップ4 カジュアル面談を使いこなす

3-5-1 そもそもカジュアル面談とは何か

カジュアル面談とは、企業と求職者が「お互いをよく知る」ために、正式な選考前に設けられる場です。基本的には選考要素はないとされています。この「選考要素がない」ことが大きな特徴でもあり、一人でも多くの優秀な方に出会いたい企業と、さまざまな可能性を見出したい求職者の双方にとって、メリットをもたらしている手法といえるでしょう。

求職者視点でいうと、応募意思や志望動機が固まっていない状態でも企業の人にお会いしてさまざまな情報を得ることができるメリットがあります。たとえば、「関心はあるが、面接に臨むほどは志望度が高まっていない、また転職意欲そのものが高まっていない」という「まだ整っていないコンディション」の際に有効です。

もしこの状態のまま正式な選考に臨んでしまうと、不本意な結果になってしまう可能性が高くなるでしょう。そこで、正式な選考に臨む前の情報収集の機会や、企業への関心や志望度が高まるか否かの判断の場として、カジュアル面談を活用していることが多く見られます。

一方、企業側の視点では、面談を通して主に会社の魅力や事業の展望などをよく知ってもらうための場となっています。入社する方に期待することや役割・ミッション、そしてポジションの魅力などについても求職者へ伝えることができる機会です。企業側の面談担当者は人事や採用担当者だけでなく、採用ポジションによっては経営者やCPO／VPoP自ら担当することも珍しくありません。企業としては一人でも多くの優秀な方を採用プロセスに進んで欲しいがために、近年では多くの企業がこの方法を取り入れています。

3-5-2 選考要素がゼロというわけではない

── 面談の相手は時間をとってくれている

先にお伝えした通り、カジュアル面談とは正式な選考前に「まずはざっくばらんにお互いについての情報交換をしましょう」という場です。志望理由や経歴の詳細について深く質問されることはありません。仮に聞かれることはあっても、正式な面接選考ではないため、その回答内容で合否の判断はしないものとなっているのが本来のカジュアル面談の姿です。

しかし、企業の差はあれど、実際にはカジュアル面談での選考要素がまったくのゼロということはありません。ですので**「カジュアル面談なのでジャッジはしないはず」と油断して、何の準備もしないままその場に臨んでしまうと完全に足をすくわれます。**終了後にお見送りの連絡が来てからでは遅いので、そのリスクもあることを念頭に臨みましょう。

ここで忘れてはならないことは面談を担当する会社の代表やCPOやVPoP、他の面談担当者も当然のことながら他にも重要な仕事を抱えているということです。そのような状況の中、カジュアル面談の時間を捻出し、会社やプロダクトの成長のため「人材採用」を第一優先事項に置いて、一人でも多くの優れた方に会おうと努力をしています。きっとこの時間は決して無駄にしたくはないはずです。

そのような気持ち・シチュエーションでお会いした方が、自社に対して高い興味関心をもってくれていれば当然嬉しいでしょう。さらに、しっかり準備してきている状態であれば会話も弾みますし、結果、有意義な面談になってよい評価に結びつきやすくなります。

── 手ぶらで臨むことは避けたい

一方で、求職者が何の準備もせずに手ぶらで臨んでしまうと、それが明らかになってしまった時点で、面談担当者は笑顔で会話を続けつつも、頭の中で「ビジネスマンとしての常識」の項目に「△」もしくは「×」の印を付けているでしょう。そして準備不足のために、会話も思うように弾みません。

すると面談担当者は残りの時間を求職者への質問に切り替えざるを得なくなります。「志望動機を教えてください」とまではいわれなくとも、転職活動を始めたきっかけ（退職理由）や次の会社でやりたいこと、といった質問が続くかもしれません。

ここでキレのある回答をして面談担当者の興味を引き付けることができたり、何か会話が弾むきっかけが摑めればまだ挽回できる可能性はあります。しかし、それが叶わなかった場合は盛り上がりに欠けたまま、面談終了の時間を待つしかなくなってしまいます。

面接ではなくカジュアル面談とはいえ、面談にあたって準備をしておらず、質問の回答にはキレがなく、さらには求職者の口から会社への興味関心があるような質問さえも出てこないとなればどうでしょうか。結果は火を見るより明らかで、選考要素がないはずのカジュアル面談で、まさかの「お見送り」になってしまうでしょう。

カジュアル面談に臨むスタンスから普段の仕事ぶりは容易に想像できますし、面談担当者もスキル・経験・実績での判断の前に「一緒に働きたい！」と思える人であるかどうかは必ず見ています。**「会うからにはきっと何かしらのジャッジはされるであろう」というスタンスで臨むことを強くおすすめします。**

3-5-3 「とりあえずカジュアル面談」はもったいない

── 検証の場とする

プロダクトマネージャーの採用競争が激化する中、企業側は優秀な方との接点を少しでも多くつくって魅力を感じてもらうために、あの手この手でカジュアル面談を有効活用しようと努力しています。たとえば、普段の選考フローであれば最終フェーズで出てくるはずのCEOやCPO、VPoPといったプロダクト責任者クラスの方が惜しみなくカジュアル面談の対応をされることも珍しくありません。彼らは会社やプロダクトのビジョンを直接語り、正式な選考に進んでもらうよう魅力付けをしています。

そのため、求職者側からすると、いまは非常にカジュアル面談がしやすく「お願いすれば実施してもらえる」状況です。とてもありがたい状況ではありますが、転職活動の方向性がまったく定まっていなかったり、そもそも本当に転職するかどうかをかなり迷っているといった場合は、カジュアル面談の前に少し整理が必要です。

カジュアル面談はあくまでも「何かを検証するため」に話を聞き、質問をしにいく場であるべきです。手ぶらで臨むのではなく、必ず検証したいポイントを整理して臨むようにしましょう。

たとえば、BtoCプロダクトに関わりたいのか、BtoBプロダクトに関わりたいのかを悩んでいるのであれば、カジュアル面談を積極活用して、自分がわくわくする方向を見定めるとよいでしょう。転職するかどうかを悩んでいる場合も、よい機会があればポジティブに考えたいという状況であれば、同じく大いに有効活用すべきです。

── 焦って臨んでもよいことはない

しかし、転職活動の方向性がまったく定まっておらず転職意欲がかなり低いようなら、カジュアル面談前に、まずはそれらを整理する必要があります。なぜなら、少なくとも現状と今後のキャリアについてある程度整理し、自身がどうしたいのかが見えていないと、面談の場が「とりあえず」になってしまうからです。

もっともよくあるケースとしては、「とりあえず」カジュアル面談を通して、自分が企業への興味・関心があるかないかを判断したがる、といったものです。また次に多いのが、エージェントに強く勧められたので、「とりあえず」カジュアル面談に来ましたというケースです。ちなみに、これらは企業からあまりよく思われないケースの一つです。

漠然と現職への不満や今後のキャリアに不安がありながらも、具体的なアクションをしていない。こうした焦りに似た感情がわき上がると、何かしなければいけないと思い、まずは紹介会社・エージェントに相談してみることになります。そこで、いろいろな企業があることはわかった。でもまだ何がやりたいか決まっていないので、とりあえずカジュアル面談を片っ端から受けてみよう、という行動をとってしまいます。

その結果、よいご縁に恵まれなかった方が実は数多くいます。「何かアクションをしなければ」「とりあえずまずは会ってからいろいろ考えよう」。こうなってしまう気持ちはとてもよくわかります。ですが、この場合は有意義な場にならないことが多く、企業側の温度感と大きなギャップが生じてしまうため、企業からの印象が結果的に悪くなってしまうリスクも秘めているのです。

3-5-4 有意義な場にするために準備しておくこと

カジュアル面談を有意義にするための準備は次の2つです。

● 心構えをもつ

● 目的を明確にする

── カジュアル面談の心構え

まず準備すべきことは「心構え」です。心構え次第で、カジュアル面談を有意義な場にできるかどうかが大きく変わります。

ポイントは、選考要素のないカジュアルな面談ととらえて油断するのではなく、「カジュアル面談でまわりの求職者と差をつける」くらいのつもりで臨むことです。一般的な面接は8割から9割くらい面接官からの質問に答える時間になることが多いですが、カジュアル面談では求職者からの質問がメインとなります。求職者からの質問をきっかけに、企業が答えながら対話が進んでいきます。そのため、質問から見受けられる視座の高さや筋のよさなどは、必ず見られているといってよいでしょう。また、事前に調べていなければ出てこないような質問は、その企業への興味・関心の高さを表すことにもなります。

お互いに貴重な時間を割いてその場を設けているわけですから、単なる情報交換で終わらせてしまうのは非常にもったいないです。結果的にその企業とご縁がなかったとしても、今後ビジネスで何かしらのつながりが生まれるかもしれません。

── カジュアル面談の目的

次に準備すべきことは面談の目的を明確にすることです。上述の通り、単なる情報収集のための場とせずに、適切な企業選びのための検証の場であると位置づければ、おのずと何を準備すべきかが整理しやすくなります。今回の転職で実現したいことは何なのか、正式な選考に進むにあたって何を確認しておくべきなのか、を自問自答しながら整理しておきましょう。カジュアル面談は、これから自身でさまざまな意思決定をしていくう

■ 図3-18　カジュアル面談準備シート

カジュアル面談に臨むにあたっての心構え
□**カジュアルとはいえ、選考要素があることを肝に銘ずる** 思考力やコミュニケーション力、相性なども確認しているので油断は禁物
□**求職者からの質問がメインで対話が進む** 「質問はありません」はNG！　事前に情報収集し、複数の質問を準備する
□**決して「お客様」感覚で臨まない** 興味を高めて臨むのはもちろん、機会をいただいたことへの感謝を忘れずに
企業やプロダクトに関する質問（検証したいポイントは何かを整理する）
プロダクトについて（例：「プロダクトチェックシート」をもとに仮説をもって聞く）
Q.
企業規模・フェーズについて（例：ここ〇〇年で成長著しいがいまのフェーズは？）
Q.
組織規模・体制について（例：プロダクト開発組織の体制はどうなっているのか？）
Q.
裁量・権限について（例：ビジネスサイドとのかかわりや業務範囲は？）
Q.
ミッション・文化などについて（例：代表との接点や特徴的なカルチャーは？）
Q.
同僚・上司について（カジュアル面談で会いたい人を事前にリクエストしておきます）
Q.
働き方について（例：リモートワークはできるか？　副業は可能か？）
Q.
その他の質問（例：HPでも調べられるような質問は避けます。年収についての質問は印象管理上控えましょう）
Q.
カジュアル面談の目的を確認する
□**カジュアル面談の目的は定まっているか** 何を確認するための場なのかを整理する
□**「転職目的明確化シート」を参照し確認することの優先順位を付けたか？** TPOをわきまえつつ、聞きたいこと・確かめたいことから質問する
□**「プロダクトチェックシート」を参照し仮説を立てた質問を準備したか？** よかった点や感動ポイント、疑問に感じた点や改善点などの自分の意見を準備したか？

えで必要な情報をとりにいく場であると位置づけ、面談の目的を明確にしておくことをおすすめします。

カジュアル面談をより有意義な場にするためにも、図3-18の「カジュアル面談準備シート」を活用して準備を行ってください。また、ステップ1で紹介した「転職の目的を明確にする」を実践し、ステップ2で紹介した「実際にプロダクトに触れてみる」でメモを残した「プロダクトチェックシート」を併用することでさらに効果を発揮できるようになります。

3-5-5 終わったら感謝を伝える

── 機会を設けてもらったことへの感謝

カジュアル面談を終えたら、その機会を設けた企業に対して必ず感謝の意を伝えましょう。もちろん人材紹介会社経由でも構いません。**これは社会人として極めて基本的な行動だと思うのですが、残念ながら意外とできていない方が多いです。**

カジュアル面談でお互いに大いに盛り上がり、確かな手応えを感じるとともに志望度がさらに高まったとなれば、感謝の意を伝えたくなるのはとても自然な流れです。

一方で、面談がまったく盛り上がらなかったり、うまく話ができなかったり、といった失敗ムード漂う面談になってしまった、もしくは、カジュアル面談を経て、興味・関心や志望度が高まらなかった（むしろ下がった）、こうなってしまったら、いち早く感謝の意を伝えたい！　という気持ちになりにくいということは理解できます。しかし、カジュアル面談を経てどのような感触・感想を抱いたにせよ、まずはそのような機会を設けてもらったことには少なくとも感謝の意を述べるようにしましょう。

── 感想は具体的に伝える

面談を経て、引き続き興味関心や志望度が高いようであれば、その後の正式な選考への影響や企業側に与える印象管理の観点からも、極力間を空けずに感謝の意を伝えたほうがよいでしょう。自ら応募した場合はメールをお送りし、紹介会社経由の場合は担当エージェントを介して伝えるとよいです。

その際に、どのような点が有意義な時間となったのか、面談者との会話を経ていかにポジティブな気持ちに変化したのかなど、より具体的な印象や感想を伝えましょう。**面談担当者がそのような報告を受けて嬉しくないはずがないですし、普段の仕事ぶりも好意的に想像してくれます。**

逆に、盛り上がらなかったり志望度が高まらなかった場合でも、今後その企業と一緒に仕事をすることもあるかもしれません。面談でお会いした方と何かしらの接点が出てくる可能性もゼロではありません。カジュアル面談とはいえ、一度お会いしたお相手に対しては、失礼のないよう最低限の感謝の意を伝えましょう。

なお、大前提としてカジュアル面談を実施した企業は、求職者の面談後の感想を待っています。面談を経て、企業・求職者の双方が実はポジティブな気持ちになっているのに、面談後の企業への連絡が遅くなればなるほど企業側の熱量が下がってしまう可能性は否定できません。

また、人材紹介会社を通じてカジュアル面談を実施した場合、面談を経ての感想をもとに、担当者と今後の転職活動の目線合わせや擦り合わせができる絶好の機会となります。人材紹介会社を通じて企業にお礼を伝える機会を有効活用してください。

3-6 ステップ5 面接に備える

3-6-1 最低限準備しておくべきこと

― やりとりをシミュレーションしておく

面接準備と聞いて「コミュニケーションには自信があるし、自分のことについて聞かれたことを答えればよいだけなので、とくに準備をしなくても大丈夫！」と思う方もいるでしょう。しかし限られた時間の中で行う面接官との会話は普段の会話とはまったく異なり、独特な緊張感のある場での会話となります。

普段は流暢なコミュニケーションができる方でも、いざ面接官を目の前にすると緊張してうまく話せない、ということは多々あります。うまく話せないので相手の反応が薄くなる。するとさらに緊張が高まり、伝えたいことが面接官に伝わらない。挙句の果てには、頭の中が真っ白になってしまい、伝えたかったことの半分も伝えられないまま面接が終わってしまうこともあるでしょう。

「自分は大丈夫」と高を括らず、面接での質問をいくつか想定して、事前に何度かシミュレーションをしておくだけでも、緊張することなく面接での会話を楽しむことさえできるようになります。

ただ、想定質問を考え、それに対する回答案を事前につくったからといって安心というわけでもありません。あらかじめ回答を用意してしまうと、その通りに回答することに気をとられてしまいます。結果として、面接官の質問に実は答えられていない、というミスコミュニケーションが発生します。面接は答え合わせをする場でも、自分の話したいことだけをアピールする場でもありません。面接官の聞きたいことを無視して、とにかく用意してきた話したいことだけを伝えてしまっては、せっかくの面接の場が台なしです。面接官の聞きたいことは何か？　その質問で面接官が確認したいことは何なのか？　質問ごとの意図を汲み、それに回答する形で自分のことをアピールするように心がけましょう。

― 準備したことは熱意として伝わる

面接では当然「自分のこと」について質問されるだけではありません。直接的に「うちの会社のことを調べてますか？」という質問をされるわけではありませんが、面接のやりとりを通じて、企業への理解度や、志望・入社意欲の高さなども見ています。企業研究などの準備を怠っていた場合、「うちの会社への関心・志望度は低いのではないか？」という懸念を抱かせてしまうでしょう。

逆に、企業のことをよく調べていることを感じとってもらえれば、それが熱意となって面接官に伝わります。そして、「ここまで自社への興味関心をもってくれているのか！」と好印象を抱くでしょうし、面接官との会話もきっと盛り上がるはずです。**面接に向けた準備をするとしないとでは、面接官に与える印象や面接結果に大きな差を生みます。**面接に向けて最低限の準備をしておくようにしてください。

3-6-2 面接でよくある代表的な質問例

面接の事前準備をするうえで、代表的な質問例を紹介します。企業によっては、事前課題を出したうえでディスカッションするような面接スタイルもあります。ただしここでは、あくまで一般的な面接での質問例を取り上げます。

①経歴説明（自己紹介）
②転職理由
③志望動機
④現職（前職）**を選んだ理由**
⑤現職（前職）**でもっとも誇れる成果**（その成果までのプロセスなどの深掘り）
⑥経歴書に記載してあるプロジェクトやエピソードなどの詳細内容
⑦当社で貢献できると考えていること
⑧当社に入ってやってみたいこと
⑨将来のキャリアプラン
⑩求職者から面接官への逆質問

これら質問例の中でも、**おそらくどの企業の面接でも①経歴説明、②転職理由、③志望動機は必ず聞かれるので回答を準備しておきましょう。**

面接に臨むにあたって事前準備は、①〜⑩に関する面接官からの質問例と回答の際のポイントを記載した「面接対策事前チェックシート」（図3-19）を参照しながら行ってください。

■ 図3-19　面接対策事前チェックシート

カテゴリー	質問例	チェックポイント
① 経歴説明	「ご経験を簡単に説明していただけますか？」 「これまでのキャリアを私に紹介してください」	□最長でも2分30秒（タイマー計測）で端的に経歴説明できるようになったか □面接官が興味をもつプロジェクトを頭出しする準備はできているか □結論から答える準備はできているか？ （例：「一言でいうと……」「キャリアは2つで、○○と○○です」）

カテゴリー	質問例	チェックポイント
② 転職理由	「転職理由を教えてください」 「なぜ転職を考えているのですか？」	□ネガティブな理由でも正直に伝える準備はできているか □愚痴らず他責にせず、退職理由の原因の改善・解消に努めたか □志望動機と混同していないか
③ 志望動機	「弊社を志望している理由を教えてください」 「なぜ弊社に応募してくれたのですか？」	□その会社のMVVを意識したものになっているか □経営者・人事担当者・広報が発信している情報など（IR情報、ニュースリリース、note、Twitter、採用Notionなど）は確認したか □その会社のサービス、プロダクトに実際に触れてみたか？ □自身の転職理由を解消することにつながっているか？
④ 現職選択理由	「現職（前職）に入社した理由を教えてください」 「なぜ現職（前職）を選んだのですか？」	□これまでのキャリアに「一貫性」をもたせた話ができているか □意思決定のポイントを理解しているか（思い出せているか） □その会社に入社を決めた理由を説明できるか
⑤ もっとも誇れる成果	「もっとも誇れる成果について教えてください」 「一番成果を挙げたお仕事を教えてください」	□面接官は「成果の再現性」を確認していることを理解しているか □これまでの経歴でもっとも誇れる成果のピックアップはできているか □予備として2、3番目に誇れる成果のピックアップもできているか □なぜその成果を出せたのかを言語化できているか □面接官の「なぜ？」の連続質問の回答シミュレーションをしたか
⑥ プロジェクト詳細	「どんな体制で進めていたのですか？」 「このプロジェクトで苦労した点はありますか？」	□人物面の確認もしていることを意識しているか □仕事に対する考え方やスタンスが表れているか □他社員との良好な関係性が垣間見えるか（責任感、統率力、協調性にまつわる話など）
⑦ 貢献できること	「弊社で活かせることはどんなことですか？」	□自分の強みや活かせる経験が整理できているか（自己理解） □どんな強みをもった人を求めているか理解しているか（応募企業理解） □貢献できる根拠を交えて伝えられるか

カテゴリー	質問例	チェックポイント
⑧ 挑戦したいこと	「今後どんなことにチャレンジしたいですか？」 「やってみたいことは何かありますか？」	□「転職理由」「志望動機」にリンクしているか □「貢献できること」に関連する話になっているか □「自身の成長ができるか否か」だけになっていないか
⑨ キャリアプラン	「どんなプロダクトマネージャーになりたいですか？」	□半年から1〜2年後にどうなっていたいか考えているか □「どのような成果を挙げている」が具体的にまとまっているか □たとえば5年後の姿をイメージできているか
⑩ 逆質問	「○○さんから何か質問はありますか？」	□活躍するために必要な情報を確認する質問を用意しているか □「仮説検証型」の質問になっているか □HPでも調べられるような質問になっていないか □「質問はありません」という発言にならないように準備できているか（質問の質で大きく評価が変わる可能性があるため）

つづいて、それぞれの回答を準備する際のポイントを紹介します。

── ①経歴説明（自己紹介）

面接では緊張も相まって、つい自分のアピールしたいことを詳しく話したくなるものです。**しかし、会話の中で相手の話を一度に集中して聞ける限界は2分30秒といわれています。**面接冒頭の大事なつかみのときに、仮に4分以上一方的に話し続けていたらどうでしょうか。きっと面接官は笑顔で対応しつつも、心の中では「話が長いな……」と感じているでしょう。面接前にタイマーを片手に何度か練習してもよいかもしれません。

── ②転職理由

「転職理由はどこまで正直に伝えてよいものか？」。そう考える方は多いのではないでしょうか。伝え方の工夫は必要ですが、事実に沿ってできる限りありのまま伝えることをおすすめします。取り繕うことで「この人は本音で話しているのかな？」と懸念をもたれてしまう可能性があるためです。転職理由を伝える際には以下の2点をとくに意識しましょう。

理由がネガティブなものでも正直に伝える

「ネガティブなことをいってしまうとマイナス評価になってしまうのではないか」と不安に思っている方は非常に多いです。マイナス評価になるのを恐れて、本当の理由ではない耳障りのよいポジティブな理由を伝えたくなると思います。しかし面接官は、「本当かなぁ？　何か別の嫌なことがあったのかもしれないな」と思いながら「なぜ、どうして？」と質問をしてきます。すると、どこかで辻褄が合わなくなります。結果として面接官からの信頼を得られず、納得されないまま次の質問へ移ってしまうでしょう。転職理由がネガティブなものであっても、できる限りありのまま正直に伝えたほうが結果として印象はよくなります。

愚痴らず他責にせず、やれることはやったということを伝える

正直にありのまま伝えるべきとはいいましたが、愚痴が多かったり、とにかく他責にした話ばかりするのはご法度です。周囲や環境のせいにして、まわりの変化ばかりを祈る人と一緒に働きたい人はそうそういないでしょう。面接官が聞きたいのは、退職理由がネガティブなものであっても、その改善・解決のためにやれるべきことはやったのか？　ということです。やることはやったが、解決できなかったことが退職の理由になっているのであれば、面接官の理解は得られるはずです。

―― ③志望動機

企業側は、経験・スキルと同等、もしくはそれ以上に志望動機（志望度の高さや熱意含む）を重視しています。それだけ大事な質問になるので、ここもしっかりと準備が必要です。

志望動機を考える際に一番大事なのは、その会社を好きになるほど深く理解することです。少し乱暴ないい方ではありますが、**面接の機会を得たのであれば、その企業を強引にでも「好きになる」まで調べることです。**

MVV、経営者・人事担当者・広報が発信している情報など、各種媒体から得られる情報やその会社のサービス、プロダクトに実際に触れてみたり、とにかくその企業について好意をもって調べ尽くしましょう。そうすればおのずと面接で伝えたくなるような志望動機が浮かび上がってきます。逆に浮かび上がってこなければ、その会社の選考は無理して進めなくてもよいでしょう。

―― ④現職（前職）を選んだ理由

この質問では、候補者のキャリアに一貫性があるかどうかを確認しています。たとえば、新卒で入社した会社でエンジニアとしての経験を積み、さまざまなクライアントの課題に関わりながら知見を高め、プロジェクトマネジメント経験を積むべくSIerに転職。そして今回は、これまでのエンジニアバックグラウンド、プロジェクトマネジメント経験を活かして、プロダクトマネージャーにチャレンジしたい。このようにキャリアに一貫性があることが伝わるように整理して話しましょう。

もちろん新卒時に入社した会社が、数年後を見据えて、考えて考え抜いて選んだものばかりではないと思います。また、社会人としての経験を積む中でいろいろと志向の変化が生じることやすべて自分の思い通りにならないことも当然あるかと思います。その点は正直に話しつつ、一貫性をもたせて話すようにしましょう。

また、元上司・部下や友人などに誘われて入社を決めた方もいるかと思いますが、くれぐれも「知人に誘われたから」といった受け身の発言にならないよう気を付けてください。知人に誘われたことは事実だとして、それ以外にその会社に入社を決めた理由があるはずです。誘われたという事象を話すのではなく、入社を決めた理由を話しましょう。

⑤現職（前職）でもっとも誇れる成果（その成果までのプロセスなどの深掘り）

この質問で確認したいことは成果の再現性です。たとえば、これまでの経歴ですばらしい成果を出してきたとします。しかし、面接の場でその成果がどれだけすごいことなのかをいくら力説しても、すぐさま評価が高まるわけではありません。なぜなら、面接官はその成果がどれだけすごいことなのかを知りたいわけではないからです。

知りたいのは「うちの会社で本当に同じような成果を出してくれるのかどうか」であり、それを面接内で証明して欲しいのです。**この質問は、回答次第で面接結果にもっとも大きく影響する質問の一つです。**後述の「3-6-3 企業は成果の再現性を確認したい」にて詳しく説明します。

⑥経歴書に記載してあるプロジェクトやエピソードなどの詳細内容

「このプロジェクトはどんな体制で進めていたのですか？」
「このプロジェクトで苦労した点はありますか？」

これらの質問も基本的には成果の再現性を確認していますが、それ以外では、「仕事に対する考え方やスタンス」「仕事を進めるうえでの他の社員との関係」などから人物面を見ています。

たとえば、責任感の強い方なのか他責傾向のある方なのか、統率力のあるリーダーなのか頼りないメンバーなのか、はたまた一匹狼タイプなのか。また、協調性はあるのか否か、周囲から信頼されているのか否か、修羅場から逃げない諦めない強い心の持ち主なのかそうでないのか、などです。

こうして働きぶりなどの確認をしながら、「この人と一緒に働きたい！」と思えるかどうかの確認を面接官はしている、と思って面接に臨んでください。

⑦当社で貢献できると考えていること

この質問を分解すると、あなたは「どういうことができる（自分の理解）」人で、この会社に「どういう貢献ができる（企業の理解）」のか、ということを聞いています。ですので、先述の「キャリアの棚卸し」をして、自身の強みをはじめとした自分の理解を深めます。その次は企業の理解です。これはステップ2の「企業やプロダクトへの理解を深める」で紹介している方法で企業の理解を深めていきましょう。

この2つの要素を理解したら、今回応募しているポジションは、どういう人を求めているかを求人票から読み取ります。そしてそれらをまとめて、自身が今回のポジションにマッチした人材であること、および貢献できる根拠を伝えるようにしましょう。

⑧当社に入ってやってみたいこと

この質問に対しては熱量高く、大いに夢を語りましょう。あまりに現実離れした話はいただけませんが、この質問については、⑦で回答した「貢献できること」の延長線上、ないしは大きく関連していることへのチャレンジに関する話をしておくとよいです。

くれぐれも「自身の成長ができるか否か」の視点に留まった話にならないように気を付けてください。企業はわざわざ「あなたの成長のため」だけにコストをかけて採用はしません。企業は自社と共に成長してくれる、自社を大きく成長に導いてくれる人材を採用します。

⑨将来のキャリアプラン

入社してからの半年から1年、そこからさらに1、2年、そして5年後、さらにはその先（10年後）に、それぞれどのような姿になっていたいのかをイメージしておきましょう。各フェーズで「何をして・どのような成果を挙げて・どうなっている」かを具体的に表現できるとなおよいです。

このキャリアプランへのフィット感が低い場合、いかに優秀で企業側の求める経験やスキルにマッチした経歴をもった方でも、採用を見送られる可能性があります。企業側はあなたを戦力として採用したいのはもちろんですが、一方でできるだけ長く働き続けて欲しい、会社と共に成長し続けて欲しい、と考えているためです。

また、社員を大事にしている会社であればあるほど、あなたのキャリアプランが同社では実現できそうにないと判断した場合も採用は見送られるでしょう。これはきわめて誠実な対応だといえますが、これも「社員となる方には長く働き続けて欲しい」との思いからくるものです。よって、ギャップがないように、どういう方がその会社の中で活躍されているのか、また、どういうキャリアプランを描いている人を求めているのか、事前に詳しく調べてから面接に臨みましょう。

─ ⑩求職者から面接官への逆質問

最後に、面接準備の中でも忘れてはいけない要素が求職者から面接官への逆質問です。面接終盤までよい評価だったにもかかわらず、「逆質問」の内容次第で、大きく評価が変わってしまうことがあります。HPや採用ページに書かれている内容を質問してしまうと、「あまり調べていないのかな」という印象をもたれます。せっかくの経営者との最終面接で、福利厚生や残業時間などの質問をすると、がっかりされてしまうかもしれません。「質問はありません」という状況も非常にもったいないです。

一方、周知の情報から自分なりに考え、わからない点を仮説をもって質問ができれば、評価は高くなります。**ポイントは、「○○について私は○○と考えているのですが、どうでしょうか？」という仮説検証型の質問をすることです。**単純に「○○ってどうですか？　どうしてですか？」とオープンクエスチョンで聞くよりも、自らの仮説の精度を確かめるような質問スタイルのほうが「自分で考えている」という印象を与えられます。その企業に興味が強ければ、必然と逆質問は溢れ出てくるはずです。質問の時間が足りなくなるくらい、しっかり準備しておきましょう。

3-6-3 企業は成果の再現性を確認したい

― なぜ「再現性」を確認するのか

代表的な質問例の「⑤現職（前職）でもっとも誇れる成果（その成果までのプロセスなどの深掘り）」で、面接官は「成果の再現性」を確認したいとお伝えしました。これまでとは環境も何もかもが違う転職先で、過去に生み出した成果と同等ないしはそれ以上の成果を本当に再現できるかどうかは、正直なところ未知数です。これればかりは実際に入社してもらってからでないと正確な判断はできません。

そのため、面接官はその成果が信用できるものなのかどうかを判断すべく、「再現性」を確認しています。要は「たまたま成果が出ただけではなく、環境が違っても成果をまた出してくれそうか」を見ています。

一方、失敗したことについても同様の確認をしています。その失敗を二度と繰り返さないために、何を学び、どのように克服してきたのか、を知りたいのです。ここで十分に反省と対策の言語化ができていれば、同じような失敗を未然に防ぐ可能性が高まり、早期に失敗を克服することができると評価されるでしょう。

― もっとも誇れる成果をピックアップする

成果の再現性をアピールするためには、まず過去の経歴を振り返り、もっとも誇れる成果をピックアップしましょう。「もっとも」としていますが、面接官からの「ほかにもありますか？」という質問に対応できるよう、2つくらいは準備しておくとよいです。

次に、それがなぜもっとも誇れる成果であるのかを面接官に説明します。「会社の業績に○○という大きなインパクトを与えることができた」「全社が注力していた事業をリードし、歴代最高の売上を創出した」など、ここでも定量的に説明できたほうが評価は上がります。

ただし、事例はなんでもよいわけではありません。面接を受けている会社がそのポジションに求めている経験・スキルにマッチした事例でなければあまり意味がありません。この点に気を付けてピックアップします。

また、成果の定義も大事です。「目標に対して110%の実績を挙げた」と伝えても、面接官にとってはその+10%がすごいのか否か判断しかねます。平均が80%であれば110%は好成績ですが、全体が130%の中の110%であれば平均以下となります。成果を伝える際には、「通常は○○のところ」といったような基準を伝えるように意識しましょう。

── なぜその成果を出せたのかを振り返る

もっとも誇れる成果を選んだら、続いて「なぜその成果を出せたのか」を説明します。その成果が「まぐれ」の産物ではなく、再現性のある成果であることを伝えなくてはなりません。

当時を丁寧に思い出し、「何を意識していたか」「どんな点に工夫をしたか」「なぜAではなくBの選択をしたか」などを振り返りましょう。この際にだらだらとプロセスを時系列にそって説明してしまうと、冗長な説明になりかねません。ポイントがどこかの濃淡を意識することが肝心です。また、振り返りをする際には、頭の中で面接官からの「それはなぜ」「それはどうして」の連続質問への回答をシミュレーションするとイメージしやすくなります。

3-6-4 ケース面接の事例紹介

プロダクトマネージャーのスキルジャッジ・アセスメントをする際に、ケース面接（もしくはワークサンプル、体験入社、課題など）を行う企業が少しずつ増えています。ケース面接とは、面接官からある特定の課題が提示され、その解決方法やプロセス、考え方などについて制限時間内・制限期間内に回答する面接形式です。

実際のプロダクト開発の現場で向き合うような課題から、仮定の話をもとにしたテーマまで、さまざまな課題が提示されます。**それらの課題に対する解決力を確認し、再現性をより詳細に評価することを目的としています。**具体的な流れとしては、プロダクトマネージャー組織のメンバーと数時間ワークをしたり、事前にお題・課題が与えられて、そのテーマでディスカッションを行ったりします。いくつかのパターンの中から代表的なケース面接の事例を3つ紹介します。

- **もし過去に戻れるなら何をやり直すか？**
- **当社のプロダクトをあなたならどう伸ばしていくか？**
- **気になっているプロダクトは何か？　またその課題や解決策は？**

── もし過去に戻れるなら何をやり直すか？

当時は成功したと思っていたものが、経験を積み重ねたいまの自分が振り返ってみると、そこにはまだ改善の余地が残っていたりするかもしれません。もしくは、過去の大失敗であっても、いまの自分であれば冷静に原因を特定し、仮説を立て、失敗を成功に導くことができる可能性もあります。

このケース面接では、過去の成功・失敗から何を学んだのか。過去の成功事例に頼り過ぎて、思考停止していないか。壁にぶつかったときにどのように乗り越えてきたのか。またその再現性が確かなものであるかどうかを確認しています。これらを意識して回答するとよいでしょう。

優秀で実績豊富なプロダクトマネージャーほど、現在のプロダクトの完成度が高くても、そこに満足することはありません。さらによいプロダクトへと成長させるために、「もっと何かできなかったか？」とつねに振り返り、考え続けています。こうした考え方をケース面接対策をきっかけに、日々の業務に取り込んでいけば、プロダクトマネージャーとしてさらに成長することが期待できるはずです。

―― 当社のプロダクトをあなたならどう伸ばしていくか？

このケースもよく題材にされることが多いです。当事者意識をどの程度もって我が事として、課題設定、仮説立て、アクションプラン立案をどう考えるのかを見ています。**議論に臨むにあたって、プロダクトのことをよく調べ、理解を深めておかなければ、議論どころの話ではありません。**

これまでも何度か触れてきましたが、受ける企業のプロダクトをできる限り触ったり調べてみたり、「もし自分がこのプロダクトのプロダクトマネージャーだったら」という視点をもって仮説を立てたり、アイデアを膨らませたりしておくことが肝心です。これがケース面接前にしっかり準備できていれば、議論の場が非常に盛り上がり、有意義な時間となるでしょう。

ちなみに、複数のプロダクトマネージャーが集うコミュニティや、著名なプロダクトマネージャーによる私塾のような学び場では、世の中にあるプロダクトを取り上げて自分ならどのような改善をするのか、といったテーマで議論が行われています。

―― 気になっているプロダクトは何か？
またその課題や解決策は？

これはケース面接のお題というより、このテーマをもとに議論に発展することが多い質問の一つです。この質問の回答から、世の中の数多あるプロダクトに対して、興味関心のアンテナをつねに張り巡らせているか、どの業界のどのプロダクトが今後伸びると見ているのか、といった市場への感度やプロダクトを見るセンスを確認しています。議論しながら興味関心の方向性や志向、価値観まで確認していることもあります。

なぜそのプロダクトに興味をもっているのかを説明できるように準備をしておく必要があります。「面白そうだから」というだけでは、評価が上がらないことは自明です。プロダクトが解決しようとしている世の中の課題は何か、その課題が解決されると世の中はどう変わっていくのか、ユーザーに提供できる価値は何か、そして、なぜそこに興味関心をもっているのか。これらを自分の目指したい姿や価値観と照らし合わせながら相手に伝えることができれば、面接官はあなたという人間をより深く理解してくれるでしょう。そして、何よりミスマッチの少ないご縁に近づきます。

3-7 ステップ6 選考を進める

3-7-1 各社の選考フェーズに気をつける

転職活動全般にいえることですが、各社の選考フェーズを意識することが大切です。面接回数や面接調整に要する時間は企業によって異なるため、何も考えずに一つひとつの選考を入れてしまうと、たとえば以下のように各社の選考進捗がバラバラになってしまう状況が生じます。

A社：今週末に最終面接
B社：オファー面談済みで、回答期限が来週末
C社：来週中に二次面接

こうした状況はできる限り避けましょう。なぜなら、中途採用は新卒採用と異なり、内定獲得後の回答期限が明確に定められるためです。企業によりますが回答期限は1〜2週間が一般的です。

可能であればA〜C社をすべて見比べて決断したいところですが、上記の例だとB社が先行しているためにC社が間に合わないかもしれません。C社が第一志望だった場合を想定すると、B社の内定をキープしてC社と比較することができないのです。

B社が第一志望であれば気にしなくてもよいかもしれませんが、複数社から内定をもらうほうが、一般的に提示年収は上昇しやすくなります。相見積もりのイメージです。B社が、A社とC社の提示年収を気にして50〜100万円アップするかもしれません。そのためにも、1社が先行しすぎないよう、各社の選考フェーズを意識して調整することをおすすめします。

3-7-2 志向の変化に伴い応募企業を増やす・チューニングする

無事に応募企業を選び選考を進めていく中で、自分自身の志向や考え方に変化が出てくる場合もあります。たとえば、「ベンチャー企業こそが自分に合っていると思っていたが、大企業で新規事業にチャレンジすることに魅力を感じるようになった」「○○という事業はどこか敬遠していたが、広く考えれば社会貢献性の高い事業ととらえられるのではないか」などのような変化です。

活動当初に描いていたものに固執し過ぎず、転職活動を通じて生じる志

向の変化を柔軟に受け入れていきましょう。そして、その変化した志向にマッチした企業・求人をあらためて探し、応募していくべきです。そうすることで、より自分の理想とするキャリアとのご縁が近づきます。

「Planned Happenstance（計画された偶発性）」という、アメリカのスタンフォード大学の教授ジョン・D・クランボルツ教授が提唱したキャリア理論では、「予期せぬ出来事を学習の機会ととらえる」ことを唱えています。彼は「個人のキャリアは、偶然に起こる予期せぬ出来事によって決定されている事実があり、その偶発的な出来事を主体性や努力によって最大限に活用し、力に変えることができる」と述べています。

さらに「偶発的な出来事を意図的に生み出すように、積極的に行動することによって、キャリアを創造する機会を生み出すことができる」としています。これは生涯にわたるキャリア形成の理論ではあるものの、転職活動期間にも当てはまる話ですので、参考にしてみてください。

3-7-3 途中での辞退はアリか。最後まで続けるべきか

選考を重ねていく中で志向が整理されてくると、企業側からの評価が高くとも、選考途中に辞退する選択肢も出てきます。もし、言語化できるほど自分の意思決定の軸が明確になっていて、少しの迷いもなければ選考途中の辞退もやむなしだと思います。しかし、**少しでも迷いがあるようなら、次のプロセスに進むことをおすすめします。**

なぜなら、他の面接官と会うことで気持ちが変化するということは大いにあるためです。過去にも、最終面接フェーズでの経営者との出会いやオファー面談を通じて、志望度が変化する求職者の方を何度も見てきました。違和感が確信に変わることもあれば、逆にまったくの誤解だったということもよくあるのです。

一方で、最終面接は一切の迷いを断ち切って全力で臨むようにしてくだ

さい。ほかにもよい会社があるのではないか？　本当に活躍できるのか？　現職には何といって退職の旨を伝えようか？　といったことを過剰に意識するあまり、それが「迷い」となって頭の中を駆け巡ります。その結果、目の前の面接に集中できなくなってしまうかもしれません。

挙句の果てには、その迷いが面接官に伝わり、結果「ご経験・ご実績やスキルはもちろん、お人柄も申し分ないのですが、弊社への志望度があまり高いようには思えなかった」という理由で採用が見送られてしまいます。

とくに最終面接になるとCEOや創業メンバー、経営陣との面接となります。彼ら・彼女らは人一倍「わが社に興味をもってくれているのか」という志望度に敏感で、迷いを察知します。最終面接だからこそ迷いを断ち切って臨むようにしましょう。

3-7-4 面接で落とされる人の5つの特徴

ここでは残念ながら面接で採用を見送られる判断をされてしまう方の5つの特徴を紹介します。

― アウトカムではなく、アウトプットしか伝えられていない

「○○さんがやってきたことや役割などは確認できたが、具体的にどのような成果をもたらしたのかについては最後までよくわからなかった」。これは、採用を見送られる理由としてよく聞くフレーズです。このように面接の場でアウトプット（やったことまたはその結果）を伝えるのみで、アウトカム（アウトプットによってもたらされた実績）をうまく伝えられないのは、面接で落とされてしまう人のもっとも大きな特徴です。**これまで述べてきたようにアウトカムまで伝えられるようにするために、「課題・打ち手・成果の3点セット」を意識しましょう**（図3-20）。

■ 図3-20 「課題・打ち手・成果の3点セット」でアウトカムまで伝える

プロダクト課題は○○でした。

それに対して○○の打ち手を実施。

結果として、○○の成果が出ました！

求職者　面接官

── 選考企業のプロダクトを調べていない

面接に臨むにあたってプロダクトやサービスのことをまったく調べない方はさすがにお会いしたことがありません。しかし、プロダクトを知っている・触ったことがある程度で、それほど詳しく調べずに面接に臨んでしまっているケースは実は意外と多いものです。そのことが理由で面接不合格になるのは、非常にもったいないです。

複数社から内定をもらえるような求職者は、ステップ2の「応募したい企業を探す・絞る」で書いたような「企業やプロダクトへの理解を深める」および「実際にプロダクトに触れてみる」をまさしく実践しています。

BtoCプロダクトであればユーザーとしての機会を得やすく、手に触れるチャンスは大いにあることから「ファンになるほど」使い倒して勉強しています。BtoBプロダクトはユーザーとして触れる機会はなかなかありません。しかし、優秀な方はそれを理由に調べることを止めず、サービス紹介動画や代表自らのピッチ（短いプレゼンテーションなど）などから情報収集をしてリサーチしています。

── 自分の成長のことしか考えていない

昨日より今日、今年より来年と、少しでも成長するよう努力をし続けていることはすばらしいことだと思います。しかし、勘違いしてはならないのが、**「成長したい」「学びたい」という姿勢だけで企業の面接に進んではいけない**ということです。この姿勢だけで臨んでしまうと、「うちは学校ではない」と思われてしまいます。師匠となりうる存在がそこにいるからといって、その人に頼り切りになってしまうような人材は、企業からしてみると自走できない人材を抱えるリスクとなってしまうのです。成長や学びの姿勢はもちつつも、自らが動ける人材であることを示す必要があります。

では、面接官は自分の成長しか考えていない人と、そうでない人の違いを一体どこで見破っているのでしょうか。そこには決定的なポイントが大きく2つあります。

1つ目は、行動の基点や判断基準が「自分にとってメリットがあるかどうか」だけになっていないかです。顧客やユーザーの困り事を解決するためにどのようなアクションをしたのか、一方でどのようなアクションはしなかったのか。これらの判断をする際に、自分にとってメリットがあるかどうかだけが軸になっている方は危険です。

そもそも人がやりたがらない仕事は、短いスパンで見れば決してメリットがあるとはいいがたいでしょう。しかし、長いスパンで考えれば、人がやりたがらない仕事を率先してすることで得られる周囲からの信頼は絶大なものになっていくはずです。結果的にそれらのアクションは、後々必ず自身の成長につながっていくでしょう。

2つ目は、組織やチームのための視点があるかどうかです。たとえば、いま抱えている仕事が多く非常に忙しいが、「プロダクトの成功のために、自分が○○をやることでチームが円滑に仕事を進めていける」「チームの誰かが楽になって他の業務にあたれる」といった視点、マインドをもって日々の業務に取り組む信頼できる人物かどうかを面接官は見ています。自己犠牲とまではいいませんが、自分の成長のことばかりではなく、組織・チームのために献身的なマインド・スタンスをもっている人と一緒に働きたいはずです。

―― 他職種へのリスペクトがない

第2章でも他職種へのリスペクトが必要であることを述べました。プロダクトマネージャーに必要なマインドセットとして紹介しましたが、実は面接でもこの点で失敗する方が多いです。エンジニアやデザイナーなどの他職種の方々へのリスペクトをあまり感じられない方は、面接で見事に落とされます。

他職種の方をリスペクトしているかどうかは、もちろん定量的ではなく定性的な判断になります。しかし、本人の気付かぬうちに、面接中の言葉に出てしまっていることが多いです。面接だけではなく私たちとのキャリア面談時にも見受けられることもあります。たとえば、「エンジニアにタスクを投げる」や「営業が（勝手に）もってきたものを」といった表現です。こういった表現をとくに他意なく無意識に普段から使っているのでしょうが、残念ながら言葉の端々にリスペクトのなさが感じられます。

とくに「○○に投げる」という表現は、あたかもビジネス用語のごとく、悪気なく頻繁に使われていますが、決して正しい日本語ではありません。

いかに経験や実績が豊富で高いスキルをもっていたとしても、面接の中でこれらの表現が出てしまうと懸念をもたれる可能性も高くなります。

たかが言葉、されど言葉。言葉には「魂」が宿るとはよくいったもので、普段の「自分のあり方」も言葉から滲み出てしまいます。面接での表現には十分注意することはいうまでもありませんが、面接だけではなく、普段から他職種の方々へのリスペクトと思いやりをもち、感謝の気持ちをもってコミュニケーションするようにしましょう。

他職種の方に対して、自分にはないスキルと経験をもっていることへのリスペクトや、自分一人ではできない仕事を一緒にしてくれていることへの感謝の気持ちを伝えていく癖を付けてみてください。たとえば、「いつも本当にありがとう！」「○○のおかげで助かった！」という何気ない言葉でも、根底にリスペクトと感謝の気持ちがある方の発する言葉は動かす力にもなるものです。

他職種やさまざまなステークホルダーと良好な関係を築き上げながら、プロダクトや事業の成長を牽引する。これこそがプロダクトマネージャーのど真ん中にあるべき仕事でもあります。現に、しっかりと成果を挙げている優秀なプロダクトマネージャーからは、他職種のチームメンバーへのリスペクトを感じる言葉ばかりが出てきます。たとえば、「うちのエンジニアチームは優秀でとても頑張っている」や「デザイナーチームにリクエストもあるが、その前に信頼がある」などです。

──「自分は悪くない」の人

「自分は悪くないんです」と、誰かのせいにしたり何かのせいにするような他責傾向が強い方は、プロダクトマネージャーに限らずどのような職種でもほぼ間違いなく敬遠されてしまいます。

確かにプロダクトマネージャーとして成果を挙げるのは簡単なことではありません。それに、なかなか成果が出ない状況が続けば「何かのせい」にしたくなる気持ちもわかります。しかしながら、何かのせいにしたところで、事態や状況が好転するわけではありません。大事なのは、成果が出ない状況が続いたときにどのような受け止め方をして、どのようなアクションをしたのかに尽きます。ここを面接官は見ています。

誰が悪い、悪くないなどの責任転嫁や犯人探しをするのではなく、成果につながっていない現状を逃げずにしっかり受け止めているかどうかが肝心です。そして、成果が出ていない原因を探り、環境や時期などの外的要因を含めて可能性を検討し、課題解決に向けた打ち手を一つだけではなく、複数打てているか。ここまでをセットにしたストーリーがあるか否かを面接の中で確認しています。

また、**忘れてはいけないのはプロダクトマネージャーがプロダクトの成功に責任をもつ人であることです。**他責にし、「成果が出ないのはプロダクトマネージャーである自分のせいである」と考えられないのであれば、少し厳しいいい方になりますがその方はプロダクトマネージャーではないともいえます。

なお、「孤軍奮闘して頑張って頑張り続けてきたが、にっちもさっちもいかずどうにもならなくなってしまった」という状況もきっとあるでしょう。他責にしないようにと頑張ってきた方によく見られる傾向ですが、これはこれで「自責にし過ぎてしまう」リスクもあります。こういう方は、自分で仕事を抱え過ぎて周囲を巻き込めない人、という印象をもたれてしまうかもしれません。

すべてを他責にして「自分は悪くない」とするのは論外ですが、自責にし過ぎてしまうのも問題なのです。難しいバランスではありますが、このようなテーマこそキャリアアドバイザーに相談をしてみてください。

3-8 ステップ7 決断をする

無事面接を終え、企業から内定を獲得できたら、いよいよ決断のときです。人によっては複数企業からの内定を得ることも珍しくありません。そのような中でみなさんはどんな決め方をしているのでしょうか。

決断時にはステップ1で考えた「転職目的」に立ち返ることが肝心です。それは間違った決断をしないためです。

最後の決断のときがくると、目の前には決めなければならない選択肢が複数浮かび上がってきます。その際に「転職目的に立ち返ること」を怠ってしまうと、いろいろと目移りしてしまい、自分にとっての最良の決断ができなくなってしまう可能性が高まります。一見当たり前のようですが、選考を進めると想定していなかった軸がでてきたり、選考結果に一喜一憂したりなど、目的を見失うことは珍しくありません。

多くの求職者の支援を通じてそうした場面を見てきました。とくに、複数企業からの提示年収を前にすると、ついつい比較をしたくなります。比較すること自体は決して悪いことではありませんが、**比較しているものは、本当に今回の転職で手に入れたかったものなのでしょうか**。譲れるものなのか譲れないものなのか、他の何よりも代えがたいものだったのか、をいま一度じっくりと考える必要があります。ステップ1「企業選びの軸を決め、譲れないことと譲れることの優先順位をつける」を参考に検討していきましょう。

ただし、転職目的や企業選びの軸は、転職活動中に考えが変化することもあります。選考を通じて大事にすることが変化した結果、当初の想定にはなかった企業を最終的に決断するということもあります。企業の面接を受ける度に変化していたらそれは軸とはいえませんが、最初に決めた目的や軸に固執しすぎるのではなく、改めて決断時点で優先順位や重要性を振り返るようにしてください。

column
3

BtoBの
プロダクトマネージャーの現場

BtoCと比較すると自身がユーザーになりにくかったり、領域への興味関心がもちにくかったりという側面もあるように感じるBtoBプロダクト。では、BtoBのプロダクトマネージャーのやりがいはどんなところにあるのでしょうか。また、どんな人がBtoBのプロダクトマネージャーに向いているのでしょうか。医療領域でBtoCからBtoBまで幅広くプロダクトを展開するエムスリー株式会社のVPoPを務める山崎聡さんに話を伺いました。

BtoBのプロダクトマネージャーのやりがいや面白さとはどんなところでしょうか？

世の中全体の話からすると、BtoCのプロダクトで直接世の中やユーザーに価値を提供する方法と、BtoBで企業に影響を与えて、結果的にその先のユーザーにより多くの価値を提供する方法があります。この後者がBtoBプロダクトの一番面白いところであり、BtoCプロダクトでは変えられない領域を変えるための手段であるといえます。

エムスリーの場合は、多くのBtoBプロダクトが製薬企業や医療機関を先に変えることによって国民の健康が結果的に向上するという構造になっています。**BtoCの面白さとBtoBの面白さは本質的には同じであり、「直接ユーザーに影響を与えるのか」「ユーザーに影響を与えるために企業を動かすのか」というアプローチの仕方に違いがあるだけ**ではないかと思います。

そういった意味で、BtoBプロダクトの一番のやりがいはレバレッジの大きさだと思います。たとえば、従業員500人の会社に労務の方が5人いる場合、1人あたりの労務インパクトは一般社員の100倍あるわけです。その5人の困りごとを解決することは、その企業全体の顧客への影響力が高まるという意味において全従業員500人の困りごとを解決することと同等のインパクトの大きさがあるといえます。

BtoBのプロダクトマネージャーならではの難しさについて教えてください。

BtoBプロダクトの一番の難しさは、自分がそのプロダクトのユーザーではない可能性が高いということです。BtoCプロダクトの場合は、「面白いゲームをつくりたい」「おいしいお店を探せるシステムをつくりたい」「いらないものをフリマで出品したい」など、自分が直接ユーザーになる可能性が高いのですが、たとえば医療サービスを医師以外がつくる場合は、自分が医師ではないのでユーザー理解が難しいと感じるかもしれません。

一方で、この難しさが一番のやりがいにつながるというのがまた面白いところです。一流のプロダクトマネージャーを目指す場合、自分が使うものしかつくれないよりも、「子供用のおもちゃがつくれる大人」「女性用の服がつくれる男性」「男性用の靴がつくれる女性」など、自分が属するセグメントとは別の領域のプロダクトも生み出せる方が、世の中に与えられるインパクトはより大きくなると思います。

その難しさを乗り越えていくために、BtoBのプロダクトマネージャーにとってとくに重要なスキルのひとつがユーザーインタビューです。ユーザーインタビューは、自分がまったく知らない領域を知ることができる代表的な手法なので非常に面白いですね。

たとえば「訪問診療で使える電子カルテとはどういうものなのか？」という場合、一般的には患者の居宅訪問を思い浮かべる方が多いと思いますが、実際には介護施設に行って1回あたり100人の方を診療しないといけないというペインがあったりします。この課題解決には100人を一括受付できる機能などが必要になりますが、これは現場の医師に聞かないとわからないかもしれません。ここに、**自分がまったく知らない領域を徐々に理解し、ユーザーの困りごとを解決していくという、BtoBプロダクトマネージャーならではの楽しみがあります。**

> BtoBのプロダクトマネージャーになりたい方は、どのような準備をすればよいでしょうか？

他人が困っている課題を発見する能力がもっとも重要になってくるので、その能力を磨くトレーニングが有効かと思います。自分が困っていることは自分で気づくものですが、解くべき課題はそれだけではないということです。たとえば、初対面で「○○さんはどういうことに困っていらっしゃいますか？」といった質問が自然とできる人は素質があると思いますし、いまできなくても徐々にできるようになる準備はしていくべきだと思います。

BtoBで大きなインパクトのあるプロダクトをつくった実績のある人は、自分以外の人達が困っている課題を解決するためプロダクトを生み出した人なので、その課題をどこかで発見したはずです。たとえば、人気の会計SaaSを生み出した人は、「会計士が困りごとを抱えている」ことに気づいたということです。アンケートなど定量的なニーズの有無を探るなどの科学的なアプローチもありますが、多くの場合は他人の困りごとに関する話を聞いた際の共感が起点となっていると思います。

最後に、未経験からプロダクトマネージャーを目指す方々に向けてアドバイスをお願いします。

プロダクトマネージャーたるもの、自分の困りごとを解決するだけではなく、他人の困りごとも解決してあげて欲しいと思います。これは、「恋人や家族、大切な人のために何かしてあげたい」という気持ちと根本は同じです。**プロダクトマネージャーに求められる一番の素養は、「どこまで人に尽くせるか、貢献できるか」というマインドだと考えています。**このマインドが強い人はとくにBtoBのプロダクトマネージャーに向いていると思いますので、この難しくも面白く、世の中に与えるインパクトとやりがいの大きい領域にぜひチャレンジして欲しいです。

山崎聡（やまざき・さとし）　エムスリー株式会社 執行役員CTO／VPoP

大学院博士課程中退後、ベンチャー企業、フリーランスを経て、2006年、臨床研究を手がけるメビックスに入社。2009年、メビックスのエムスリーグループ入り以降、エムスリーグループ内で主にプロダクトマネジメントを担当する。2018年からエムスリーの執行役員。2020年4月からはエンジニアリンググループに加えて、ネイティブアプリ企画部門のマルチデバイスプラットフォームグループと全プロダクトのデザインを推進するデザイングループも統括。2020年10月より初代CDOに就任。2022年より現職。

第4章

一人のプロダクトマネージャーとして立ち上がる

4-1 プロダクトマネージャーになってからまず意識すべきこと

社内異動、もしくは転職活動によって晴れてプロダクトマネージャーになれたとしたら、私たちとしてもこれほどうれしいことはありません。心より祝福を申し上げます。ですが、ここからが新しいキャリアのスタートです。優れたプロダクトマネージャーになれるかどうかはあなた次第。

ではどのようにして一人のプロダクトマネージャーとして立ち上がっていけばよいでしょうか。**プロダクトマネージャーの育成環境が整っている企業であったとしても、「身を委ねていれば大丈夫」なんてことはありません。**早期に周囲から頼られて信頼されるプロダクトマネージャーになるために、意識すべきこと、実行すべきことを紹介します。

4-1-1 一緒に働く人を理解する

もっとも肝心なことは一緒に働く人、チームメンバーを知り理解することです。業務時間だけでなく積極的にランチに誘ったりして、コミュニケーションをとるようにしましょう。業務とは関係のないちょっとした雑談から、その人の傾向や大事にしている価値観を理解でき、今後のやりとりを円滑にする情報が得られるかもしれません。

リモートワーク頻度の多い企業であっても、最初のうちはできる限り対面で話をしたほうが理解度が高まります。場合によっては「自分は出社しているので、○○さんもオフィスにいらっしゃれば一緒にランチしませんか？」と積極的に会話の機会を設けてもよいでしょう。みなさん家庭や普段の働き方があるとは思いますが、異動・入社直後であれば誘いに応じてくれやすいはずです。

4-1-2 プロダクトに関する情報を徹底的にインプット

次に自らが関わるプロダクトや事業のミッション、戦略、ロードマップなどをもれなくインプットします。入社前にあらかじめ調べていた点も、入社後に改めて社内情報に触れることで異なった角度で新しい気づきを得ることができます。

場合によっては想定外に技術的負債があるかもしれないですし、MRR（月間売上）が伸びていたりするかもしれません。とくにプロダクト戦略は今後あなたがプロダクト開発を進めていくにあたって大きく影響するものです。社内DBやSlack、Wikiなどで情報が不足している場合は、社内のキーマンを見つけて積極的にヒアリングをかけてみてください。

戦略やロードマップを理解できたら社内のルールや開発ツール、過去のSlackのやりとりなどを読み漁り、所属している組織の進め方をインプットしてみてください。郷に入っては郷に従えというように、その組織特有の進め方や方針があるかもしれません。**前職や前チームでの自分なりのやり方を披露するのは信頼貯金が貯まってからでも遅くないでしょう。**

4-1-3 「自分ロードマップ」をつくる

これらの動き方や意識は決してプロダクトマネージャー職だけに限った話ではなく、その他の職種に適用できることでもあります。ただ、プロダクトマネージャーはとくに関わるステークホルダーが多いので、積極的にチームメンバーとのコミュニケーションを意識していきましょう。

企業によっては30/60/90 Days planとよばれるオンボーディング計画が用意されているかもしれません。既存の育成プランを活用しつつ、自らの考えで早期立ち上がりを目指してみてください。

そして必ず自分なりの目標、すなわち「自分ロードマップ」のようなものをつくり（もしくはイメージし）、定期的に上司やメンターからフィードバックを受けるようにしましょう。自身の成長を客観視することで不足していること、足りていることを理解することができます。必要に応じて私たちのようなキャリアアドバイザーと壁打ちすることも有効です。

4-2 プロダクトマネージャーになりたての人が最初にぶつかる5つの壁

プロダクトマネージャー特有の仕事の難しさは頭では十分理解していたものの、実際の業務に臨んでみて初めてわかる壁があるでしょう。ここでは多くの方が直面する5つの壁を紹介します（図4-1）。

■ 図4-1　プロダクトマネージャーを悩ませる5つの壁

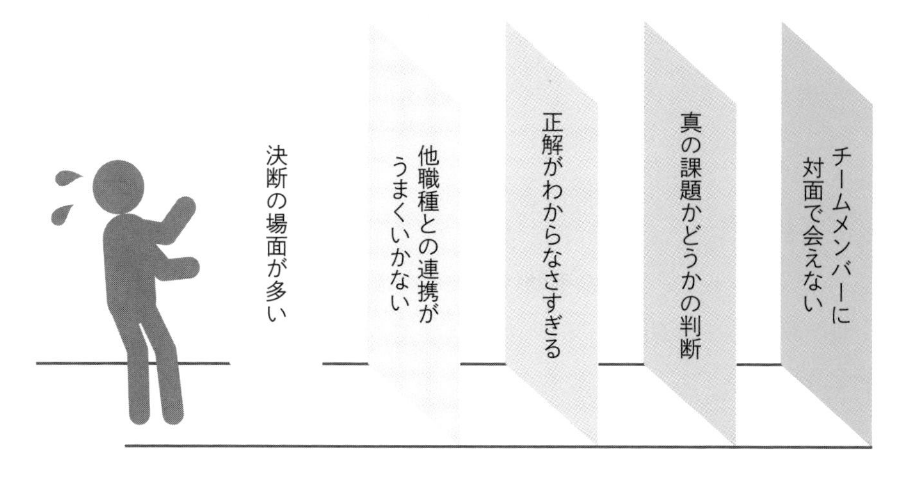

4-2-1 決断の場面が多い

前職でどんな経験をしていたかにもよりますが、これまで以上に自分で判断し、決断を求められるのがプロダクトマネージャーの仕事です。担当するプロダクトがどんなものであっても課題は山積みでしょう。その解決のために本当にたくさんの人がプロダクト開発チームで動いています。

優秀なチームであるほど解決のための手段は数多くあり、どの選択肢をとるかを決めるのはプロダクトマネージャーであるあなたの仕事です。ベテランエンジニアはA案を、他社で大活躍していた中途入社のデザイナーはB案を推しており、そのどちらもよさそうに思えます。しかし、同時に進められるものではなさそうです。そんなときも自らの責任において、どちらかの案を採択して課題に立ち向かわなければなりません。

また、課題解決の方法を選択するだけでなく、「そもそもいま優先的に解決すべき課題なのか」という段階から検討する必要があります。リソースは限られているので、重要度の高低も検討しなければなりません。たとえば、ある課題を解決すれば即効性が高く、大手企業の顧客から喜ばれるかもしれません。もう一方の課題は緊急度が低いけれど、早期に手を付けたほうが中長期的にはメリットがありそうです。こんなとき、どちらを選ぶべきでしょうか。プロダクトマネージャーの打つ手によって数年後のプロダクトの成長や、事業の成長が決定づけられるのです。しかも、こんな多くのプレッシャーの中で、決断を「スピーディーに」していくことも求められます。

こうしたときに、決断の手助けになるのはプロダクトのロードマップに照らし合わせて判断することです。プロダクトの成長のためにはいくつもの課題がありますが、それをどのように、いつまでに解決していくかという道標を見ながら判断することが基本になります。また、優先すべきKPIについて関係各所と相談して決めておくことも有効です。どの数値を伸ばすことを最優先にすべきかが明確であれば、判断の際の大きな手助けとなるでしょう。

このように決断時には優先順位を決めることが非常に大切です。優先順位付けのフレームワークとして、たとえば「RICE」があります（図4-2）。どのくらいのユーザーに届くのか（Reach）、どの程度の影響を及ぼすのか（Impact）、期待通りの価値を提供できるのか（Confidence）、どのくらいの時間や労力がかかるのか（Effort）の4項目をそれぞれスコア化し、最終的にRICEスコアとよばれる総合スコアを算出する手法です。具体的には以下の式で算出します。

RICEスコア＝ユーザー到達度 × 影響度 × 確度÷労力

これらを活用し、プロダクトマネージャーに多く求められる決断の場面を突破していきましょう。

■ 図4-2　RealtimeBoard, Inc.によるRICEフォーマットの例

機能	ユーザー達成度	影響度	確度（%）	労力	RICEスコア
スペルチェック	500	2	80	5	160
自動変換	450	2	100	3	300
文法チェック	300	3	80	2	360

（出典：https://miro.com/ja/templates/rice/）

4-2-2　他職種との連携がうまくいかない

プロダクトマネージャー業務は関係者が多い仕事です。関係者が多いだ

けでなく、彼ら・彼女らの考えていること、性質、向かいたい方向性などをどれだけ本人に近い気持ちで理解できるかが欠かせません。前職の経験に近い職種の気持ちは理解しやすいと思われますが、果たして本当にそうでしょうか。まずはそこから、謙虚にとらえていきましょう。

たとえばSIerでのプログラミングとプロジェクトマネジメントの経験を経てプロダクトマネージャーになる場合を考えてみましょう。自社開発のエンジニアは受託開発のエンジニアと比べて、サービスへの愛着や思い入れ、理想などを強くもって業務に臨んでいることが多いです。新人プロダクトマネージャーであるあなたの方針が、彼ら・彼女らの理想と離れたものだったらどうでしょう。

「エンジニアはコミュニケーション下手が多い」「進捗管理の際に気を付けるポイントはこんなこと」という程度の浅い理解でわかったつもりになるのが一番危険です。**何よりその「わかったつもり」がチームの信頼を失いかねません。**経験のない職種へのリスペクトと謙虚さをもつことは誰にでもできます。自身の経験に近しい職種のメンバーと接点をもつときこそ、わかったつもりにならないことを強く意識していきましょう。

一方でプロダクトマネージャー自身の問題ではなく、組織として役割分担、責任境界線が不明確である場合もあります。承認フローや進捗を共有すべき相手が不明瞭なまま、ハブ人材にならないといけないプロダクトマネージャーが疲弊していく事例も多く見られます。

そんなときは、DACI（Driver（意思決定の推進者）、Approver（承認者）、Contributor（協力者）、Informed（進捗の共有先）の役割を関係者に当てはめて意思決定速度を高めるためのフレームワーク）などの意思決定フレームワークを用いて関係者に役割を当てはめてみましょう。多くの職種や階層が絡む場面でも、プロダクトマネージャーとしてどう動くべきか、誰に何を依頼すべきかが明確になり連携がしやすくなります。

4-2-3 正解がわからなさすぎる

プロダクトマネージャーの仕事には正解がないといわれています。それは「多くの課題がある中でどれを選んでもプロダクトの進化には寄与しているから」「実施した施策がどうなるかは後になってみないとわからないから」といった背景があるためです。

プロダクトマネージャーはその時々で進む方向性を決め、進み方を決断しなければなりません。その業務がひと段落した後も、下した判断は正しかったのか、明快な答えが出ないままのことも多くあります。成功や達成感を短期で味わいたい人には向かない仕事かもしれません。**正解がわからない期間における忍耐力は、プロダクトマネージャーに必須のスキルといえるでしょう。**

これに対する具体的なアクションとしては、KPIを設定することが一番の近道です。KPIをさらに階層化しサブKPIなどを設ければ、比較的手触り感のある目標が設定できるかもしれません。どのKPIに対しての施策なのかを明確にし、KPIを測定し、その測定結果をもとにPDCAを回していきましょう。一度で思うような結果が得られることがなくとも、何度も試行錯誤を繰り返すことで正解に近づいていく感覚が得られるはずです。

4-2-4 真の課題かどうかの判断が難しい

プロダクトマネージャーはユーザーの声を聞き、ユーザーの課題を解決するためにさまざまな意思決定をしていきます。しかし多くの場合、ユーザーは自身の課題を正確に把握していません。悪気なく、真の課題からは外れた回答をすることも多いのです。ユーザーの真の課題を抽出することは、想像以上に難度が高いことを覚悟したほうがよいでしょう。

また、プロダクト自体の抱える課題についても適切に把握することは難しいものです。どんなプロダクトも構成要素が非常に多く、複雑な掛け算ででき上がっているものばかりです。

その構成要素のうち、どのパラメーターをいじるとどんな効果が出そうなのか。絶対に変えてはいけない部分はどこなのか。複雑に絡み合った要素のうち、表層化している課題に直結するものを探り当てることすら、最初は難しいと思います。それがプロダクトにとって本当に解決すべき課題かどうか、という問いに至っては、経験が浅いうちはなかなか判断が難しいかもしれません。

この壁を乗り越えるためには、**ユーザーインタビューやカスタマーサクセスとのコミュニケーションを通じて、ユーザーのもつ課題の解像度を高めることがもっとも役立ちます。**また、図4-3に示すフィッシュボーン図（特性要因図とも表される）などの分析手法を学ぶことで、複雑に構成されたプロダクトにおいても、真の課題にたどり着く基礎能力を身につけることができるでしょう。

■ 図4-3　フィッシュボーン図（特性要因図）

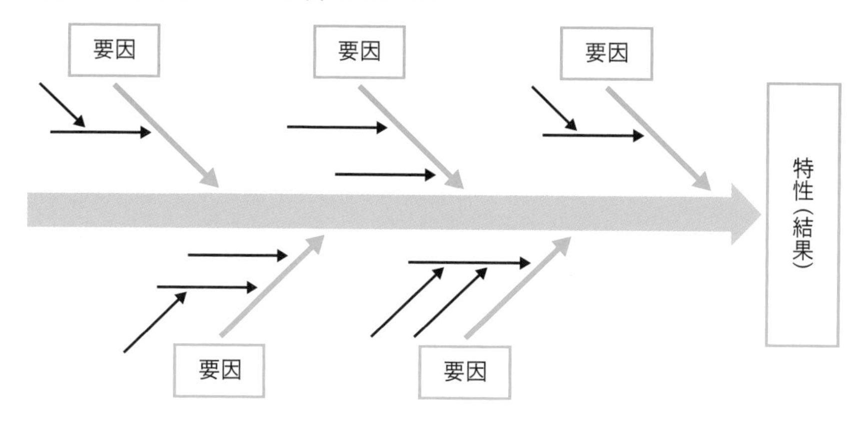

4-2-5 メンバーと対面で会えない

令和のプロダクトマネージャーならではの悩みとして、メンバーと対面で会いづらいということがあります。**多くの関係者の中心に立つプロダクトマネージャーにとって、関係者・メンバーとのコミュニケーションが業務の基本となります。**伝えるべきことを伝える、聞くべきことを聞くのはもちろん、いまのチームのコンディションをメンバーの身ぶり手ぶりやちょっとしたしぐさといった非言語情報で察知し、問題がありそうであれば早期に手を打つことが求められます。これがすばらしいチームの運営のために、ひいてはプロダクトの成功のために必要なのです。

しかし、昨今のリモートワーク下で、これまでオフィスで自然と起こっていたことが起きなくなっています。たとえばコンビニで偶然会ってオフィスに帰るまでの間の近況報告、チームメンバーの覇気のなさに廊下ですれ違ったときに気づくことなど、いままでは流れの中でとれていたコミュニケーションが、困難になっています。このことが新しく加入したチームで、プロダクトマネージャーとしてふるまう難度を上げています。

企業によっては「プロダクトマネージャーは週2日を目安に出社推奨」などのよびかけがあったりします。しかし、本質的にはリモートワーク下でもプロダクトマネージャーが主導して、オフィス出社と同等のコミュニケーションレベルを確保するための工夫を行うのがよいでしょう。

たとえば、これまで行っていたユーザーインタビューやセールスとクライアントとの商談は、リモート環境だからこそ録画しておくことができるようになりました。プロダクトチームで録画を見ながらユーザーの反応を共有し、今後の方針決めに役立てることもできます。また、週次でも隔週でも、カスタマーサクセスやエンジニア、セールスなど、プロダクトに関わるメンバーが集まって現状の課題や懸念事項、学びの共有を行っている職場もあります。そのほか小さなことですが、Slackなどのツールにおけるコミュニケーションをプロダクトマネージャーが率先して丁寧すぎるくらいに行ったり、リアクションを細やかにしたりすることも有効です。リモートワークにおけるチーム内コミュニケーションも、プロダクトマネージャーの必須スキルになっていくでしょう。

4-2-6 これらの壁を乗り越えるために必要な素養と心構え

ここまで5つの壁を紹介しましたが、いずれもプロダクトマネージャーとして一歩を踏み出そうとするみなさんを脅かすような内容かもしれません。しかし、これを読んでプロダクトマネージャーを目指すのは辞めようかな、とは決して思わないでください。これらを乗り越えるために、どのような素養と心構えが必要なのかを解説します。

未経験からプロダクトマネージャーになり、成功している方々はみなさん勉強家です。ある方は、プロダクトマネジメントの関連書籍を半年で100冊読み漁ったそうです。別の方は社会人向けの教育コンテンツでプロダクトマネジメントと名の付くものはすべて見たとのことでした。まったくの門外漢だった開発業務を理解するために、コーディングを勉強して簡単なスマホアプリをつくり、リリースし、運用する経験から入ったという方もいました。

副次的なものではありますが、プロダクトのために努力することは自身を成長させるためだけでなく、その姿を見ているであろう数多くのステークホルダーを味方に付ける効果も期待できます。

身も蓋もない表現になりますが、最初はとにかくやってみて失敗するしかありません。成功体験のみでキャリアをつくっていければもちろん最高ですが、なかなかそううまくいくものではないでしょう。大事なのは失敗をきちんと振り返ることです。そのときに先輩のプロダクトマネージャーや関わった他職種のメンバーなどまわりのすべての人から学びを深めていきましょう。新人プロダクトマネージャーにとってはみんなが師匠です。

これまでお会いした優秀なプロダクトマネージャーほど、多くの失敗談をもっています。プロダクトマネージャー同士で失敗談で盛り上がれるようになったとき、あなたは一人前になっているのかもしれません。

4-3 ジュニアプロダクトマネージャーが抱えるキャリアの7つの悩み

私たちはこれまで数多くのキャリアの悩みに向き合ってきましたが、プロダクトマネージャーが抱える悩みは十人十色であり、パターン化できるものではありません。とはいえ、やはり傾向のようなもの、プロダクトマネージャー同士で共感しあえそうな話があります。その多くが転職理由と密接に関係しているものです。

ここではプロダクトマネージャーになりたて、もしくは経験がまだ浅いジュニアプロダクトマネージャーが抱える代表的な7つの悩みを紹介します（図4-4)。プロダクトマネージャーとしてキャリア形成をしていくイメージをより明確化する参考にしてください。

4-3-1 ロールモデルがいない

- **自分が現職で初めてプロダクトマネージャーに任命された。光栄なことだが、自分のこのやり方で本当に正しいのだろうか**

■ 図4-4　ジュニアプロダクトマネージャーの悩みになりえる要素

- **自社には師匠となるような先輩プロダクトマネージャーがいない。自身の成長のためにも背中を追いかけたくなるような先輩が近くにいてくれる環境はないだろうか**

若手や経験の少ないプロダクトマネージャーから一番多く出る悩みは、ロールモデルが周囲にいないことです。日本でプロダクトマネージャーという職種が認識されるようになったのはここ数年のことです。**そもそも師匠やロールモデルとなるような先人が市場に非常に少ない状況です。**歴史も浅い職種のため、先輩プロダクトマネージャーがいる組織はごくわずかでしょう。孤軍奮闘しながら、「このやり方で合っているのだろうか」と迷いながら、何とか日々業務をこなしている方が実に多いのです。

プロダクトマネージャーとして成長し続けなければならないという危機感から、目標となるロールモデルのそばで目指す姿を明確にしたいという思いは非常によく理解できます。自分に足りないものを埋めていくことで、確実な成長実感を得たいというポジティブな成長意欲の表れなのです。こういった悩みをもつ方に対して、私たちは師匠やロールモデルとなりうる方がいる企業を紹介しています。

一方で、転職以外にもロールモデル不足を解消できることもあります。

たとえば、プロダクトマネージャーが企業や組織の垣根を越えて情報交換をし合っているコミュニティがいくつかあります（「プロダクトマネージャーコミュニティ」で検索すれば複数のコミュニティが検索結果に出てきます）。そこでは話題のプロダクトマネジメント関連書籍の輪読会や日頃の悩みの相談、肩肘を張らない交流会などが活発に行われています。ロールモデルや師匠を社内に限って探す必要はまったくないのです。

また、**プロダクトマネージャーの師匠になるのはプロダクトマネージャーだけではありません**。先にも述べた通り、プロダクトマネージャーは数多くの職種やスペシャリストと連携しながらプロダクトを成功させていく仕事です。関わるすべてのメンバーがその道の師匠でもあるのです。必ずしもエンジニアほど開発ができるようになる必要はありませんし、カスタマーサクセスとして日々のクライアントとのやりとりを行う必要もありません。

ただ日々の業務の中で、彼ら・彼女らがプロダクトマネージャーに求めていることは何かを、つねにアンテナを張って理解に努めてみてください。「あのときはこういう判断をしたけど、エンジニアとしてはこういう確認をしてからにして欲しかった」などの声を拾いにいくのです。そうすれば、プロダクトマネージャーの師匠はおらずとも自然とレベルアップできるでしょう。

4-3-2 プロダクトドリブンな環境ではない

- **ユーザーから大きな不満が出ており、解約も出始めているにもかかわらず、目先の売上のための開発を急かされてしまう。もっとユーザーに寄り添った開発がしたい**

● **売上を追わなければいけないのはわかるが、セールス&マーケティングへの投資が中心で、開発に投資をしようとしない。中長期で見たときによい判断とは思えない**

こういった不満を抱える方々の声をさらに聞いていくと、ユーザーインタビューをほとんどしていなかったり、事業計画を達成するための開発計画が経営から一方的に降りてくるなどの現象も同時に起きているようです。

もちろんセールスドリブンに成長していくことを否定するものではありません。プロダクトやサービスの性質によってはセールスが大きな影響力をもつものは多数存在します。プロダクトのフェーズによっても「いまはセールスで伸ばす時期」も必ずあります。ただ、ユーザーをないがしろにしていると感じる意思決定が繰り返されることは、プロダクトマネージャーだけでなく関わるすべての人を消耗させていくでしょう。

そのような悩みを抱えている方には、「現職の意思決定プロセスはどのように行われているか、把握していますか？」と尋ねています。厳しいようですが、もしもユーザーがないがしろにされるようなプロダクトしかつくれていないのであれば、その責任の一端はプロダクトマネージャーにあるかもしれません。**プロダクトマネージャーは会社の意思決定プロセスに影響を及ぼさなければならないのです。**

しかし、意思決定者にプロダクト志向な意思決定の啓蒙をしたり、意思決定プロセスに関わっていく工夫をしたりしても、まったく状況が改善されないこともあるでしょう。その場合は転職を視野に入れたほうがいいかもしれません。そんなとき、みなさんへ紹介しているのは「経営陣や営業まで社員の多くの方がプロダクトに思いがあり、熱く語れる会社」です。いまは多くの会社がインタビュー記事などを公開していますので、そこで判断できることも多々あります。選考やカジュアル面談を通して、あえてプロダクト組織外の社員の方と話の機会を設けるのも有効です。

4-3-3 WhyやWhatに関われていない

- **プロダクトの企画部分は事業企画部が行っており、何をつくるかが決まってからプロダクト部門に手わたされる。社内発注先として扱われているようでつまらなく感じる**
- **いいプロダクトをつくるためのアイデアや提案があるのに、求められているのはつくり方、Howの部分だけになってしまっていて物足りない。Howの前段階であるWhyやWhatの企画段階から関わりたい**

この悩みは、比較的大手IT企業に在籍している方に多いのが特徴です。WhyやWhatに関わる人と、Howに関わる人が役割分担されている組織で生じやすい悩みです。アジャイル型ではなく昔からのウォーターフォール型の開発をしている企業や、営業力が高く企画部門がプロダクト組織の外にある企業、コンテンツに力のあるWebメディアを展開している企業などは、この構造になりがちなようです。そういった企業の組織構造では、以下のようなウォーターフォール型のプロセスで開発されています。

- **事業系部門が事業計画、PL作成、プロダクトの方向性を決定し、**
- **プロダクトマネージャーが方針に沿ったプロダクト要件を決め、**
- **開発チーム（エンジニア）が実際に手を動かしてつくる**

一見よさそうにも見えますが、プロダクトマネージャーは事業系部門から伝えられる計画に基づいて淡々と機能をつくり込んでいくことが多くなります。その結果、「ユーザーはなぜ、何に困っているのか」「何があればユーザーのペインが解消できるのか」という点にプロダクトマネージャー自身が携われない、悪い意味での役割分担が発生してしまっているのです。

これを解消するのは非常に難しいかもしれません。その会社における組織のあり方、業務の役割分担から変えていく必要があるからです。**一つできそうなことがあるとすれば、自身の業務範囲を超えて、事業やビジネスに関する勉強をし、越境してみることです。**事業系部門などが行っているプロダクトの戦略や計画、PL作成などを理解することから始めましょう。そうすることで事業部門の頭の中が少し見え、わたされた仕様書に対して自分なりの意見を返すことがしやすくなるかもしれません。そこで彼ら・彼女らにはない視点での指摘ができれば、プロダクト部門の視点を加えていくことの重要性に気付いてもらえるかもしれません。

また、事業戦略やPLなどの数値面に強くなることはプロダクトマネージャーとしてのレベルアップにも必ず役に立ちます。シニアプロダクトマネージャーはプロダクト戦略を考え、収益性を見ながらプロダクトマネジメントをしています。成長するための強みを一つ、いまのうちに身につけてしまうつもりで勉強するとよいでしょう。

4-3-4 自社プロダクトを愛せていない

- **担当するプロダクトに興味をもてていないと感じる。こんな状態でプロダクトマネージャーを務めることがプロダクトにとってよいことなのだろうか**
- **担当プロダクトが解決している課題にピンときておらず、よりよくしたい、と本気で思えているかに自信がない。心から好きで興味がもてるプロダクトを育てたい**

担当しているプロダクトが自分の興味のある領域であれば、毎日いきいきと業務に臨み、もっとも力を発揮できることでしょう。一方で、自分の関わっているプロダクトをどうしても愛せないとき、他人事のように感じてしまうときは黄色信号です。

「このプロダクトを何とかしたい！」という気持ちが湧いてくることもないでしょうし、困っているユーザーに感情移入することも難しいでしょう。そんな状態でプロダクトマネジメントを行っても、おそらく成果は出なさそうです。

こんなときは、自分の興味のあるプロダクトを求めて社内異動、もしくは転職で職場を変えていくことがまず思いつく解決手段となります。実際に社内異動・転職して、これまで以上にプロダクトにのめり込み、成果を出している方もいます。

一方で、プロダクトの業界や業務領域など、表面的な情報だけでこれを判断してしまうのはとてももったいないと感じることもあります。**プロダクトそのものを愛することはもちろん大切なのですが、「課題を愛する」視点ももってみてください。**

たとえば、不（負）を抱えている状況を解消したいのか、便利なものをより多くのユーザーに使ってもらいたいのか。立ち上げの際のユーザー獲得に苦労しているのか、チャーンレートを下げることに腐心しているのか。課題はユーザーが抱えているものでも、プロダクト自身が抱えているものでもよいのです。自分はどんな課題を前にしたときにやる気がわき起こってくるのか。そんな視点をもつと興味の幅が広がり、ひょっとしたら担当しているプロダクトが急に愛おしく思えるかもしれません。

また、ぜひユーザーの声を聞きに行ってみてください。プロダクトに愛を感じづらいときは往々にしてユーザーのことが頭から離れがちです。ユーザーとしばらく話せていない可能性もあります。まずは一次情報に自ら触れに行くことから始めてみましょう。

4-3-5 関われるフェーズや機能に変化がない

● **すでに大きいサービスの運用・保守が業務であり、必要に応じたシス**

テム更改に対応するだけになってしまっている。成長過程や立ち上げ過程のプロダクトマネジメントも経験してみたい

- **担当するプロダクトの一機能については専門家として頼りにされているが、その分ほかの機能や別のプロダクトに関わっていくことが社内で求められておらず、ずっと同じ経験になってしまっている**

プロダクトマネージャーのキャリアを考えるうえで、「引き出しを増やす」ことは王道のレベルアップ方法です。プロダクトごとに抱える課題は千差万別です。いろいろな課題の解決方法を蓄えておくことで、プロダクトマネージャーとしての打ち手が広がっていきます。

しかし自身が担当するプロダクトのフェーズが固定されてしまうことがあります。また、一つの機能やプロダクトに専念して取り組んだ結果、後任がいない状態でずっとその担当になってしまうようなこともあるでしょう。こういった状況から「引き出しを増やすことができない」という危機感を多くのプロダクトマネージャーが感じているようです。

少し厳しい視点になってしまいますが、これらはプロダクトマネージャーである自分自身の責任もあるかもしれません。フェーズに変化がないのは市場環境や社内のビジネスサイド組織の問題含め、いろいろな原因があるのでしょう。ただ、プロダクトを次のフェーズに成長させていくことがプロダクトマネージャーの大切な仕事です。

そのためにできることは何でもやる、という姿勢でプロダクトマネジメントに臨んでいるかどうかはいま一度振り返ってもよいかもしれません。機能についても同様です。プロダクトの成長に必要な機能がすべて揃っていない可能性もあります。また、不要な機能、統合できる機能はないか見直すことで、ほかの機能との連携が起きることもあるでしょう。ほかの機能を担当したいという前に、担当機能は本当にこれでベストなのかと問い続けることがブレイクスルーにつながることもあるかもしれません。

一方、「思い切りやり切った！　でも何らかの事情でどうしても新たな経験を積んでいくことが難しそうだ」という状況であれば、思い切って転職を考えてみてもよさそうです。

また少し違った話になりますが「自分は0→1人材だ」として、あるフェーズや特定領域だけに特化することを志す人もいます。しかし、プロダクトマネージャーとして成長するという観点からいえば、もったいない選択かもしれません。あるフェーズの強みをもつことはもちろんよいことですが、1→10や10→100を経験して初めて見えてくる0→1フェーズの課題やあるべき姿もきっとあるはずです。**深く掘る分野を決めるのはよいことですが、他をやらないと決めてしまうことで掘り方が浅くなってしまう可能性があることも認識しておきましょう。**

4-3-6 スピード感がない

- **せっかくよい企画ができたのに、承認に時間がかかってしまってなかなか着手できない。このままでは競合に先に同じ機能をリリースされてしまいそう**
- **新しいリリースに慎重すぎて、自分が関わったリリースは年に一度ということもある。もっと企画からリリースまでを高回転で経験したい**

これは比較的大手企業に所属されている方から聞くことが多い悩みです。意思決定プロセスが長く、承認階層が多かったり社内のステークホルダーが多かったりする状況がよく聞かれる背景です。意思決定会議が2週間に一度と決まっており、そこでは1つか2つしか決まらないという話も聞いたことがあります。

プロダクトマネージャーを成長させるのは多くの課題と向き合い、その解決方法を決断していく場面です。野球にたとえれば打席に多く立ち、空振りをしながらもバットを振り続けることでホームランを打つチャンスが生まれます。プロダクトそのものや機能のリリースが年に1〜2回、という環境ではなかなか成長実感は得られないでしょう。もちろん慎重に、丁寧に検討して意思決定の精度を高める考え方もありますし、それを否定するものではありません。しかしこのスピード感の環境に、焦りやもどかしさを感じるのは非常によく理解できます。

昨今、SaaSやWebのサービスをもっている企業に加え、ITがメイン事業ではない大手企業でもプロダクトマネージャーの重要性が認知され始めています。DX推進の一環で新規事業の立ち上げを行う中心職種としての採用が増えているのです。素敵なチャンスではありますが、経験が浅めの方は、スピード感があるか、打席はどのくらいの頻度で回ってくるのかをしっかり見極めたほうがよいでしょう。これらの打開策としては、以下のようなことなどがあります。

- **プロダクト事業として、どのくらいのスピードが期待されるのかを示し、社内を説得する**
- **社内プロセスがどうして時間がかかるのかを分析し、その改善を図る**

後者に関しては、バリューストリームマッピングという手法で流れを可視化するものがあります。

4-3-7 成長実感がもてない

- **ずっと同じプロダクトの開発を続けていてよいのだろうか**
- **いまの開発チームとは付き合いが長くてやりやすいのだけど、このままで本当によいのだろうか**

このように、一定期間同じ組織に居続けることにより、成長実感に不安を覚える方も多くいます。プロダクトマネージャーだけではなく他職種でも同様の悩みは生じやすいかもしれません。しかし、プロダクトマネージャーは「引き出しの数は多い方がよい」といわれている職種でもあるため、変化が乏しい状況には危機感をもちやすいのです。

この「自分が楽をしてしまっている状況」のことをコンフォートゾーンとよんだりします。**コンフォートゾーンに入ってしまうと、新たなインプットが不足気味だったり、変化がないゆえに成長の停滞につながるリスクが起こりやすくなります。**そのため、成長に敏感な人ほど、つねに「いま自分は安住してしまっていないか」と自問を繰り返し、新たなチャレンジを仕掛け続けていくという傾向があります。

しかし自分がコンフォートゾーンにいると思うかどうかは、非常に難しい判断となります。人によっては「そのくらいで何をわかった気になっているのか。もっと修業が必要だ」と思う先輩や上司もいるかもしれません。つまり、現状でのチャレンジが不足しているだけで、まだまだいまの環境でもやれることは無数にある可能性も否定できないでしょう。

そういった際には、必ず「いまの自分には何が足りないか」「足りないものはどうやったら、どこで得られるのか」を考えなければなりません。ここを明確に理由付けられるのであれば、きっと成長するための次の行動が自然と定まってくるでしょう。一方で、「いまのままでもまだまだやれることがあるな」と気づくことができれば、それはそれで前向きなキャリアが送れるようになるのです。

column 4

外資系企業のプロダクトマネージャーの現場

プロダクトマネージャー界隈では、日本のプロダクトマネジメントは米国より遅れている、というのが定説になっています。では、本場とされる米国シリコンバレーと日本では、プロダクトマネージャーの仕事や期待役割にどのような違いがあるのでしょうか。シリコンバレーには日本人プロダクトマネージャーは非常に少ない中で、最前線で活躍されている曽根原春樹さんにお話をお伺いしました。

日本企業と海外企業とで求められるプロダクトマネージャーの役割の違いは何でしょうか？

海外企業では、「このプロダクトが成長した暁には、どんな世界が実現できるか」というプロダクトビジョンに基づいて、プロダクトマネージャーが「このプロダクトがどのようなインパクトを生み出しているのか、いないのかと、そのビジョンに到達に近づいているか否か」を考えます。したがって、**プロダクトマネージャーがその会社に入ることで生まれたプロダクトへのインパクトをシビアに求められます。**ここでいうインパクトにはさまざまな切り口があり、数値で測れる「ユーザー数」や「レベニューの増加」などの指標もあれば、トラスト＆セーフティの領域において「フェイクアカウントがつくられてもユーザーに迷惑をかけない」などの指標もあります。こうした定性インパクトをどう数値指標として定義するかということも、プロダクトマネージャーの重要な仕事です。

一方で、日本企業ではインパクトの定義が非常に曖昧な傾向があります。たとえば日本の製造業が掲げるプロダクトビジョンはえてして「自社の技術の蓄積をもとに、お客様の生活を豊かにする」というようなプロダクトアウト的思考だと感じるものが多く、実在するユーザー達のリアルな悩みを解消するプロダクトになっていないことが往々にしてあります。そのため私が日本企業に顧問として入る際には、必ず初めに深いユーザー理解に基づいたプロダクトビジョンの再設定を行っています。

プロダクトマネージャーがインパクトを出せるかどうかは、本人の能力だけに限った話ではなく、会社としてプロダクトマネージャーがユーザーやプロダクトにとってあるべき姿を考えて、さまざまな人を巻き込んで動くことを後押ししているかどうかによるところも大きいと考えます。米国企業ではプロダクトマネージャーがどんどん活躍していくことをよしとする文化がありますが、日本でそれを実現できている企業はまだ少ないため、本来あるべきプロダクトマネージャーとして動こうとするとどうしても齟齬が生まれやすいというのは、両者の大きな違いといえます。

米国でプロダクトマネージャーになるためには、どのような準備をすればよいでしょうか？

ネイティブと丁々発止の議論をしたりプレゼンできる英語力を身につけないと通用しないので、プロダクトマネージャー未経験の人は、まずは米国企業にプロダクトマネージャー以外の職種で入ることを目指したほうがよいと思います。私もカスタマーサポートから入り、マーケティングを経てプロダクトマネージャーというキャリアを歩んできています。プロダクトマネージャーがどのような英語表現でエンジニアに話しているのかを間近で見てきた経験が、後で非常に活きました。これは日本にいる限りは習得が難しいので、とにかく米国で経験を積むことが一見遠回りなようで実は一番の近道です。また、日本で一定のプロダクトマネージャー経験がある人の場合、いきなりGAFAの米国本社を目指すのはハードルが高いと思います。なぜなら、GAFA系のプロダクトマネージャーは、前職がスタートアップの事業開発ディレクターやアーリースタートアップのCPOなどの相当レベルが高い人達なので、一企業の一部の機能のグロースを担っていた程度のレベルだと太刀打ちできないためです。

もし外資の日本法人にプロダクトマネージャー職があれば、そこから始めて本国への社内転籍、または米国のレイトステージスタートアップ企業でプロダクトマネージャーの仕事を見つけてみるのが王道だと思います。もしくは、米国の大学院でMBAを取得してから米国企業にプロダクトマネージャーとして入る道筋もあります。いずれの選択肢もビザサポートの問題などのハードルが高いので簡単ではありません。米国におけるプロダクトマネージャー採用の競争レベルは日本よりはるかに高いので、選ばれるための「尖り」やネットワーキングも必要です。

プロダクトマネージャーとして活躍するために必要な素養とは何か、曽根原さんの考えをお聞かせください。

一番は好奇心ですね。「何でユーザーはこういう行動や考え方をするんだろう」と考えるときに、「プロダクトマネージャーである以上はよいプロダクトを世の中に出したい、そのためにユーザーを理解したい」という好奇心があり、その好奇心がどんどん自分をドライブしていくものです。**「強い好奇心」と「行動につながるためのドライブ」の両輪を回せる人は、間違いなくプロダクトマネージャーとして成功すると思います。**

最後に、未経験からプロダクトマネージャーを目指す方々に向けてアドバイスをお願いします。

私はプロダクトマネージャーとしてのキャリアが10年以上になります

が、一度も飽きたことがありません。世の中に与えるインパクトが非常に大きいためです。BtoCであれば自分の生み出したプロダクトがユーザーの生活や人生を直接ポジティブな方向に動かせるのはこの仕事の醍醐味ですし、BtoBであれば「このプロダクトのおかげで、企業の大幅なレベニュー増加や生産性向上につながった」というのは、素晴らしく誇らしいことです。**私は、「プロダクトマネージャーの力がどれだけ発揮できるか」が日本の競争力の鍵になると考えています。**日本でプロダクトマネージャーに興味がある方にはぜひ活躍して欲しいという思いから、みなさんの背中を押すためにUdemyで教えたり本を書いたりしています。とくにいまの時代は、日本に居ながら世界のユーザーに使ってもらえるプロダクトをつくることが可能ですので、ぜひ継続的に学びつつ大きい視点でプロダクトに挑んで欲しいと思います。

曽根原春樹（そねはら・はるき）　LinkedIn Senior Product Manager

シリコンバレーに在住17年目（執筆時時点）。これまでNASDAQ、NYSE上場の大手外資系企業でエンジニア、セールス、コンサルティング、マーケティング、カスタマーサポートとさまざまな役職をこなし、各ポジションで表彰歴あり。シリコンバレーの大企業・スタートアップのプロダクトマネジメントをBtoB・BtoC双方で経験し、現在はLinkedIn米国本社にてシニアプロダクトマネージャーを務める。Udemyのプロダクトマネジメント講座の受講者は19,000人（執筆時時点）を超え、顧問として日本の大企業やスタートアップ企業のプロダクトづくりをサポート。共著書に『プロダクトマネジメントのすべて』（翔泳社、2021）、監訳書に『ラディカル・プロダクト・シンキング』（翔泳社、2022）。

第5章

プロダクトマネージャーとしてさらに高みを目指す

5-1

能力を高める

プロダクトマネージャーとしてより高いレベルを目指していくためには、プロダクトマネージャーとしての能力を高める必要があります。第1章ではプロダクトマネージャーに必要な能力として、業務サイクル（図1-2）に沿った形で紹介しました。ここでは、プロダクトマネージャーの能力を以下の3つに分類し、それぞれの伸ばし方を紹介していきます。

- **ビジネス能力**
- **技術力**
- **ユーザー体験力**

この3つの能力について、すべてを浅くでもよいので知っておくことが大事です。ジュニアレベルのプロダクトマネージャーであればすべてを有していなくてもよいかもしれません。自分がもっていない能力をプロダクトチーム内の他のメンバーが補完してくれることで業務遂行は可能です。

しかし、プロダクトマネージャーは総合格闘技の選手です。総合格闘技において、すべての能力を高めることが選手としての能力向上になります。自分の得意技をもつことが大事ですが、全体の底上げも必要なのです。

5-1-1 ビジネス能力を高める

── 商才を磨く

プロダクトマネージャーの3つの能力の中でビジネスとは何を意味して

いるでしょうか。ビジネス能力と一言でいっても、それは新社会人が新入社員研修で身につける社会人基礎から、事業責任者のように事業収支にまで責任をもつ立場の人がもつ能力までさまざまなものがあります。しかし、**プロダクトマネージャーが最終的にもつべき能力は、「商才」であると考えます。**

商才とは商売を成功させる能力です。プロダクトマネージャーはプロダクトで事業収益を最大化させることが責務なので、事業収益を最大化させること、すなわち商売を成功させるための能力が必要です。

商才は運動神経や音楽的な才能とは異なり、後天的に身につけられるものがほとんどです。確かに、生まれ育った環境や交友関係などが能力としての商才を身につけるための重要な要素ですが、逆にいうと、これらの状況を用意できれば、商才を育むことは可能なのです。

プロダクトマネジメントにおける商才とは顧客理解であり、商売のネタを見つけることであり、利益最大化のためのコストと収益を考えることであり、新しい商流を構築することなどです。

ここでは、さらにこれらの能力を伸ばすために欠かせない以下の視点について考えてみます。

- **数字に強くなる**
- **ドメイン知識を身につける**
- **発想力・創造力を鍛える**

— 数字に強くなる

数字に強くなるとはどういうことか

まず、数字に強くなることが大事です。数字に強くなることは、論理的な考察をするうえで不可欠です。たとえば、ある事業アイデアを考えついたとして、日本ではどのくらいのビジネス規模になるかの概算であったり、シェアを獲得した際にどのくらいの売上や利益になるかをすぐに計算できたりするような能力です。自分でアイデアを模索する最中や同僚との議論において、このような概算ができると判断スピードが上がります。今日のビジネスには素早い仮説検証が不可欠ですが、机上レベルで迅速に仮説検証を進める際にこの能力が活かされます。

このような概算に複雑な数学は不要です。小学校レベルの算数や基本的な四則演算で十分です。しかし、概算に必要となる大本の数字は知っておく必要があります。日本の総人口、総世帯数、上場企業の数、ビジネスパーソンの平均年収などがこれにあたります。このような数字をすべて暗記する必要はありませんが、ニュース記事を見たり、他人との何気ない会話の中で気になったことを調べる癖を付け、その際に記憶するようにしましょう。

統計学や可視化の知識も大切

さらに上を目指すには、統計学の知識も身につけることをおすすめします。仮説の検証作業では、数字を分析することが求められます。平均値、中央値、偏差と分散などを理解し使い分けることが必要です。因果関係と相関関係の違いや相関係数の算出なども必要です。もっと高度な推計統計学、たとえばカイ二乗検定なども使いこなせるようになると、できることが広がるでしょう。

このようにして得た統計データの見せ方にもスキルがあります。可視化能力、またはビジュアライゼーション能力ともいいます。棒グラフ、円グラフ、折れ線グラフ、ヒストグラムなど、適切なグラフの使い分けはチーム内での議論を助けます。

― ドメイン知識を身につける

ドメイン知識とは何か

数字に強いことと並んで必要なものとしては、ドメイン知識があります。ドメイン知識とは、プロダクトの顧客のドメイン（領域）の知識です。ドメインはセグメントといい換えることも可能です。ドメインには複数の切り口があります。

たとえば、プロダクトがある業界向けのものであれば、その業界がドメインとなります。また、同じプロダクトでも、想定される利用者の業務が特定の業務ならば、その業務がドメインになります。技術系のデスクワークならば、その技術デスクワークというのもドメインです。さらには、主な利用者が30代女性というように、一般的な属性によるセグメント分けされたものもドメインです。

簡単にいうと、想定ユーザーに寄り添えるような知識がドメイン知識となります。ここでのいくつかの例でもわかるように、一つのプロダクトには複数のドメインが存在します。しかし、プロダクトの特性によりどのドメインが重要かは異なります。一般的なBtoBプロダクトの場合、業界や業務のドメイン理解が重要であり、性別や世代などの理解はさほど重要ではありません。自分のプロダクトの特性を理解したうえで、そのドメイン知識を高めましょう。

ドメイン知識を高める方法

ドメイン知識を高めるには、書籍や業界紙などから知識を得る方法があります。最近ではビザスクのように専門家とコンタクトをとるためのサービスも存在するので、そのようなサービスを用いて専門家にインタビューするのもよいでしょう。

また、その業界を代表するような企業のWebサイトをいくつか見てみることも役に立ちます。上場企業ならば、投資家向け情報（IR情報）も参考になります。その会社の業績見通しなどが解説されていますが、そこには業界共通の情報も含まれています。さらには、採用のための情報も参考となります。社員インタビューで、社員の一日が紹介されていることもあります。YouTubeなどで公開されている会社紹介も参考にするとよいでしょう。なお、このような企業らの発信は都合のよいことしか含まれていない可能性もあるため、先に述べた書籍や業界紙などで第三者視点の情報も得ることが大事です。

業界ではない業務ドメイン知識は、多くの場合その業務遂行のための知識や能力が中心となります。たとえば、経理部門に属する社員向けのプロダクトを担当する場合、経理の知識は不可欠です。簿記検定を取得し、会計士や税理士免許を取得できればよいですが、そこまでできる人は稀でしょう。しかし、ファイナンシャルプランナー資格であれば頑張れば取得できるかもしれません。取得できなくとも、その勉強をするだけでも得られるものは多くあります。

把握しておくドメイン知識の程度

このようなことを聞くと、これが法務担当者向けのプロダクトだったら弁護士を目指すくらいの勉強が必要なのかと思われるかもしれません。あるいは不動産向けのプロダクトだったら、宅地建物取引士（宅建士）が必要なのかと不安になるかもしれません。確かに、許認可が必要となる業務のドメイン知識を身につけるのは難しいですが、厳しいことをいうと、それくらいを目指す努力が必要でしょう。**なぜなら、プロダクトマネージャーには、ユーザーが自身の中に乗り移ったようにユーザーの声を代弁することが求められるからです。**

また、そのような業務に特化したプロダクトを提供する会社には、社内に確実にその業務に精通した社員がいるはずです。ドメインスペシャリストなどがそれにあたります。また、スタートアップならば創業メンバーの少なくとも1人はその業務を経験しているというようなことも多いでしょう。

いつまでもドメインスペシャリストに「通訳」としてユーザーとの会話に介在してもらうわけにはいきません。プロダクトマネージャーとしてのひとり立ちを目指すには、難度が高くても、業界もしくは業務ドメインの能力を高める必要があるのです。

── 発想力・創造力を鍛える

発想力・創造力とはイノベーション力

プロダクトマネージャーは新しいプロダクトの立ち上げや既存プロダクトの改善や底上げなどに関わることが多くありますが、その際に求められるのは従来の常識にとらわれない発想力・創造力です。イノベーション力とよんでもよいかもしれません。

イノベーションというと、そういう能力はないと思う人もいるかもしれませんが、イノベーション力も後天的に身につくものだといわれています。『イノベーションのDNA［新版］――破壊的イノベータの5つのスキル』（翔泳社、2021年）は、破壊的イノベーションやジョブ理論でもお馴染みのクリステンセン教授らにより書かれている書籍です。この中で、教授たちは、イノベーターとよばれる人々を研究した結果、それらの人々が「発見力」をもっており、その発見力は次の5つの能力により構成されることを解説しています。

- 関連付ける力
- 質問力
- 観察力
- 人脈力
- 実験力

詳しくは書籍を読んでもらうのがよいですが、ここでは最初の関連付ける力について深掘りします。

関連付ける力とは

関連付けとは、異なると思われるものを組み合わせることです。たとえば、BtoCプロダクトのアイデアをBtoBプロダクトに転用することなどがあります。Salesforceの創業者マーク・ベニオフは、BtoB向けの業務アプリケーションがなぜAmazonのように簡単に使えないのか、と疑問をもったことからSaaSの先駆けとなるSalesforceを立ち上げました。同氏はその後、エンタープライズではFacebookのようなことができないのかと考え、エンタープライズソーシャルサービスとしてのChatterを開始します。

他にも、Googleの創業者であるラリー・ペイジとサーゲイ・ブリンは論文の重要度はその引用数で決まることから、Web検索にも同じ仕組みを取り入れ、いまのGoogle検索の大本をつくり上げました。

この関連付ける力に必要なのは、幅広く他領域のドメイン情報に触れ、その情報をメタ化して異なる領域に転用する能力です。メタ化能力とは、抽象度を上げることです。たとえば、Uberのようなライドシェアを「人の」移動サービスとしてとらえるのではなく、「人の」の部分を排除し、人が移動する時間をシェアリングすることであるとメタ化してみましょう。そうすると、「人」ではなく、「食」を移動させたらどうなるかと考え、Uber Eatsのようにデリバリーをシェアリングの形で再定義できるようになります。

Uberはすでに有名なサービスとなっていますので、Uberから触発を受けたプロダクトは数多く出ています。しかし、まだ始まったばかりのサービスだったり、あまり注目されていない業界のサービス、さらにはいまはもう使われなくなった一昔前のサービスなど、さまざまなものが発想の源となります。このように多様な情報に触れ、そこからつねにその転用を夢想するようなことを普段から行ってみましょう。

── 商才をさらに磨くために

MBAで磨く

商才について、数字に強いこととドメイン能力、発想力や創造力について説明してきましたが、これらの能力をさらに高めるにはどのようにすればよいでしょうか。MBAのケーススタディを読むことで数字にも強くなりますし、各種事業デザインについて知ることもできます。諸外国のプロダクトマネージャーにはMBA保持者も少なくないですが、日本国内でも社会人として働きながらMBAやMOT（技術経営）取得を目指すプロダクトマネージャーもいます。もし体系的に学びたいというのならば、社会人大学院に通うこともおすすめです。

株式投資で磨く

もう一つのおすすめが株式投資です。投資には株式以外にも、不動産や投資信託、金やプラチナのような貴金属商品、債権、FX（外国為替取引）などがあります。一般には個別株はリスクも高いため、分散投資を簡単に行うことができる投資信託、その中でも指標に連動するETF（上場投資信託）やインデックス投資が初心者にはよいでしょう。

しかし、プロダクトマネージャーとして能力を高めるには、あえて個別株投資を検討してみてください。実際に投資までできないという人は、購入するつもりで検討してみましょう。個別株投資には、商才を高めるためのすべての要素が含まれています。たとえば、マクロ経済とミクロ経済の理解はドメイン知識の大本です。投資を検討する会社の財務諸表を読むことで、ドメイン知識は高められます。また、役員ならびに執行役員の顔ぶれや経歴からも、その業界のことがよくわかります。決算短信や株主総会の資料などでは、数字の読み方やデータの見せ方なども学べるでしょう。

会社の沿革から学べる例

会社の沿革などから、プロダクトやプロダクトチームで参考になることを得られることもあります。たとえば、メガネショップを展開するジンズホールディングスはSPA（製造小売業。企画、製造、販売を一貫して行う業態）の手法から発想を得て、メガネ版SPAを確立しました。これはまさに他業界での手法を転用した例でしょう。

また、同社はリーマンショックの時期に業績が悪化しましたが、ユニクロを展開するファーストリテイリングの柳井正氏と面会する機会を得て、そこでビジョンの重要性に気付かされたそうです。そこから大ヒットとなるAirframeが生まれることになるのですが、このエピソードからもプロダクトにはその大本となるビジョンが重要なことがわかるでしょう。このような情報はビジネス誌や経済ニュースでも得られますが、実際の投資対象になるかもしれないという姿勢で向き合うことが重要です。

5-1-2 技術力を高める

── なぜ技術力が必要なのか

プロダクトマネージャーに必要な2つ目の能力は技術力です。プロダクトの分野によってどのような技術力が求められるかは異なります。ハードウェア技術なのか、ソフトウェア技術なのか、はたまたソフトウェア技術であっても、どのようなソフトウェア分野なのかによって違います。いずれの分野であったとしても、**最低限もつべき能力レベルは、その分野のエンジニアと会話ができることであり、エンジニアから信頼されることです**。これが基礎となりますが、さらに上を目指すプロダクトマネージャーの場合は、実際に自分もその業務の一端を担うことができるレベルまでを目指すべきです。

技術力はすぐ落ちる

先述した通り、プロダクトマネージャーの中にはエンジニア出身者が少なくありません。そのような人は自らの技術力を低下させないように努力をしてください。プロダクトマネージャーの忙しい日々の中でその時間を捻出することは難しいかもしれませんが、日進月歩の進化を遂げる技術に向き合うことが少ないと、技術力はすぐに劣化してしまいます。

たとえば、簡単なプロトタイプは自分でもつくるようにするとよいでしょう。Web系のプロダクトを担当するプロダクトマネージャーの中には、Webのデザインをワイヤーフレームを書くのではなく、実際にWebのモックアップをつくることで代用してしまうこともあります。いまはブラウザの開発ツール（たとえばChromeのDevTool）を使うことで、簡単に既存のプロダクトの画面をいじることができます。ワイヤーフレーム制作ツールにしかできないこともあるので、それらの完全な代用にはならないかもしれません。しかし、少し見た目を変えるだけであれば、ブラウザの開発ツールを使って自分で手を動かしてしまった方が速いこともあります。

自分でも手を動かしてみる

担当するプロダクトの技術面について詳しく知るためには、やはり自分でも開発の一端を担ってみるのが一番よいでしょう。そのような好例となるものが、もともとは非エンジニアだった経営者のエピソードです。クラウド会計サービスのfreeeの創業者である佐々木大輔氏は、freee創業時に自らプログラミングを学び開発の一端を担っていました。その後、会社も大きくなる中、普段は自らプログラミングすることはなくなっていったのですが、上場の年に開催された開発合宿で久しぶりにプログラミングしたそうです。

実際に手を動かすためには、プロダクトを支える技術についての理解が欠かせません。佐々木氏もプロダクトローンチ当時には用いていなかったマイクロサービスというモダンな仕組みについても、実際に自分が開発をすることで学べたといっています。

このように、実際に開発の一端を担えるまでの技術力を身につけることがさらに上を目指すプロダクトマネージャーには求められるのです。

技術力を身につける方法は、すでに解説しました「2-5-1 必要な能力を学ぶ」を参照してください。なお会社によっては、プロダクトマネージャーに資格試験や認定試験を勧めるところもあります。ソフトウェア関係では、情報処理推進機構（IPA）の情報処理技術者試験や日本ディープラーニング協会のG検定などが代表的なものです。開発プロジェクトであれば、スクラム関連の認定もよく取得が推奨されるものとして挙げられます。

― 技術力を実践に活かす

重要なのは身につけた技術力を日々使うことです。あるプロダクトマネージャーは先程紹介したような社会人向けプログラミング講座に3か月通い、簡単なWebアプリケーションをつくれるようになりました。しかし、その後に業務で使うこともなく、個人でアプリケーション開発をしたわけでもなかったので、半年も過ぎたころにはすっかり忘れてしまったそうです。せっかく得た能力は使い続けることを心がけるようにしましょう。

個人プロジェクトとして手を動かす

個人プロジェクトとして、自らが欲しいものをつくったりするのもおすすめです。スマホアプリをつくったならば、App StoreやPlayストアで公開してみましょう。公開までの一連の手順を実体験をもって知ることは貴重です。アプリの利用状況を分析し、機能改善などまでできるようになれば、エンジニアと同等の経験をもったことになります。

ハードウェア技術の場合も、いまは個人でのものづくりが可能な時代となっています。Raspberry PiやArduinoのようなもので簡単にIoTデバイスがつくれます。レーザーカッターや3Dプリンターも個人で所有できますし、一般に利用を開放しているFab施設もあります。これらを駆使することで、見た目も悪くないデバイスがつくれます。

わかった気にならない

このように個人の努力でもかなりのことが学べて経験もできますが、注意したいことがひとつあります。それは、これらの経験だけで「わかった気にならない」ことです。

技術は奥深いもので、個人プロジェクトレベルでは到底すべてを理解できるものではありません。エンジニアとの会話の中で、「そんなに大変じゃないでしょう」とか「私がやったときには簡単だったけど、なぜそんなにかかるのか」などの発言は慎むようにしましょう。**エンジニアから見ると、技術がわからないプロダクトマネージャーよりも下手にわかった気になっているプロダクトマネージャーの方が付き合いにくいものです。**

5-1-3 ユーザー体験力を高める

── 体系的に学ぶ

プロダクトマネージャーに必要とされる3つ目の能力がユーザー体験（UX）です。UXについての基礎は全プロダクトマネージャーがもつべきものですが、さらに上を目指すならば、体系的に学ぶことをおすすめします。UXの学習もソフトウェアやハードウェア技術の学習と同じように、書籍やスクール、オンラインでの学習サービスなどさまざまなものがあります。

── 資格勉強を通じてレベルアップする

UXもビジネスや技術と同じように、資格や認定制度が存在します。国内には、人間中心設計推進機構（HCD-Net）が提供する「人間中心設計専門家」と「人間中心設計スペシャリスト」があります。どちらも実務経験があることが前提となりますので、実際に資格を取得するのは難しいかもしれません。

しかし、HCD-NetのWebサイトにはそれぞれの資格で必要となる能力がコンピタンスマップとして提供されています。それらを見て、どのような能力が必要かを把握し、学習を進めていきましょう。プロダクトマネージャーとして実際のプロダクトづくりを通じて、UXの経験が高まった時点で受検を考えるのもよいでしょう。

もう少し一般的なものとしては、UXインテリジェンス協会が提供するUX検定もあります。UXインテリジェンス協会ではUXのスキルを「UXジェネラリストレベル」「UXプロフェッショナルレベル」「UXマネジメントレベル」の3段階で定義しており、現状のUX検定基礎は全ビジネスパーソンを対象としたUXジェネラリストレベルのものとなっています。こちらもシラバスが提供されているので、どのような能力が必要かを把握できます。なお、UXインテリジェンス協会では、UXマネジメントレベルがプロダクトマネージャーに求められるレベルとされています。

このようにUXのスキルは学習や資格や認定を通じて高めることが可能です。さらに日常の中でぜひ行うとよいのが、さまざまなUXに触れる機会を増やすことです。**UXについて自分事としてとらえ、自分が担当者だったらと考えることで、UXの知見は蓄積されていきます。**

たとえば、普段使っているアプリの機能がどうしてこのような処理フローになっているのかを考えてみたり、新しいアプリに触れてよい点や悪い点を考えてみたりしましょう。新機能が提供されていたならば、それは「誰の」「どのような課題」を解決するものなのかを考えてみて、そのプロダクトを提供している会社の中のUX担当者の思考を模倣しましょう。

UXは単にアプリの中だけにあるわけではないので、日々の生活の中でのすべてをUXの視点でとらえてみましょう。カフェに入ったときや、店に入った瞬間からオーダー時の対応、座席で飲み物を飲んでいるときの印象など、すべてがUX観察の対象となります。

── 一流に触れて学ぶ

また、よいもの、一流のものに触れることがUXの感覚を高めることになります。アートやデザインの展示会に訪れたり、書籍や雑誌などを読むこともおすすめです。その中で自分のセンスを高めていきましょう。

Takram代表の田川欣哉氏は『イノベーション・スキルセット――世界が求めるBTC型人材とその手引き』（大和書房、2019）の中で、**センスとは好き嫌いのことであり、そのジャッジの基準が確立されていることを指す**、としています。田川氏は、センスを高めるためのトレーニング法として「ふせんトレーニング」というものを推奨しています。

これは、自分がよいと思うものに青、ダメと思うものに赤、どちらでもないかわからないというものに黄のふせんを貼っていくトレーニングです。これを大量のアートやデザインに対して行っていくことで、自分の好みが可視化されます。黄のふせんが多いということは自分の判断軸が固まっていないことを意味します。まず、自分の判断基準をつくり、それがプロとよばれている人とどう異なっているかを把握するのがよいでしょう（そのためにはプロに同じ対象に対してふせんを貼ってもらうことが必要となりますが）。

デザイナーに自分の意図が伝わらないという場合、意図を伝える手段をもち合わせていないこともありますが、自分の意図が不明確なことが多いかもしれません。これは判断基準がぶれていることから起きることで、このふせんトレーニングを積んで、判断基準をもてるように、そしてその基準（センス）を高めていけるようにしてみましょう。

5-2 マインドセットを変える

5-2-1 プロダクトマネージャーに必要なマインドセットを強化する

プロダクトマネージャーとして活躍するには能力に加えて、マインドセットも重要です。プロダクトマネージャーとして伸び悩んでいる人の話を聞くと、能力的にはとても高くても、それを活かしきれていないという特徴があります。**プロダクトマネージャーとしてのマインドセットとしては、PMI（Project Management Institute）が定義するものが参考となるでしょう。**PMIでは次の6つのマインドセットがプロダクトマネージャーに必要とされています（一部、本書の内容に沿って意訳しています）。

1. **顧客主導であること**：潜在的な顧客とその顧客のニーズを把握し、顧客とともにプロダクトを成長させていく
2. **完全なバリューストリームに対応すること**：自社でつくり上げた（狭義の）プロダクトだけではなく、組織全体で顧客体験を取り組み、価値を提案・提供する
3. **実験を重んじる意思決定**：リーン開発で提唱されているような実験を通じて顧客の課題発見と解決策の決定を行う
4. **斬新的かつ頻繁なリリース**：大きな変更を行うのではなく、頻繁に小さな変更を行うことで、顧客とのフィードバックサイクルを短縮する。これにより迅速な学習と顧客ニーズへの対応が可能となる

5. **変化を抱合する**：変化する顧客ニーズや市場環境、新しい競合の登場や新技術。これらの変化を受け入れるだけでなく、抱合する。そのために柔軟かつ身軽な戦略を採用する
6. **戦略的に計画し、戦術的に対応する**：長期的には戦略的に計画し、短期的には戦術的に実施する。長期的な視点でもつハイレベルな戦略とアジャイルに（迅速に）、小さい変更を頻繁に行う短期的かつ詳細な計画の2つをもつ

プロダクトマネジメントを実践するには、これらを組織レベルのマインドセットとして醸成していく必要があります。では、プロダクトマネージャーとしてより成長を目指す個人としては、これらをどのように進めていけばよいでしょうか。

プロダクトマネージャーがミニCEOとされる理由にそのヒントがあります。賛否はありながらもプロダクトマネージャーがミニCEOとよばれるのは、一つには会社経営に関しての全責任をもつCEOと同じように、プロダクトにおいて全責任をもつところにあります。責任をもつとは、なんとしてでも成し遂げる信念があるということに他なりません。会社経営は自分だけでできないことが多くあるので、多くの人とともに進めていくところもプロダクトマネージャーと同じです。これに関しては、人々を巻き込む力が重要となります。

このミニCEO的なプロダクトマネージャーのマインドセットは、すでに成長した後の組織のCEOよりも、起業したてのスタートアップのCEOの方が強く見られるはずです。個人としての意識すべきマインドセットは、「2-6 プロダクトマネージャーを目指す人が身につけておきたい5つのマインドセット」を参考にしてみてください。

5-2-2 マインドセットを変えるためには

強化すべきマインドセットを頭で理解できたとしても、そのようにマインドセットを変えるのは簡単ではありません。知識は学べば習得できますが、マインドセットは知識とは違い、自分の心持ちや思考や行動の癖なので、自分の性格を変えるのと同じくらい難しいでしょう。

そこでマインドセットを変えるためのポイントを3つ紹介します。

まず**目指すマインドセットをまわりに宣言してしまうことです。**マインドセットだけだとやりにくいようであれば、能力とともに自分がどうあるべきかを定義して、共有しましょう。自分で自分の職務内容を定義し、まわりに見せてみましょう。肩書が人を育てるともいわれますが、自分で肩書相当のものを設定し、それに近づくように努力するのです。

また、マインドセットを変えようとしても、まわりとの差に悩むこともあるかもしれません。自分一人だけ妙に浮くようなことがあっては、どこかで心が萎えてしまうでしょう。そのようなときは、まわりを巻き込むようにしてください。まわりを巻き込むことの重要性はすでに説明していますが、マインドセットは最終的には個人ではなく、組織全体に広げる必要があります。そのためには、早い段階から、同じ思いをもつ同志を探し、一緒に進めていくようにしましょう。

最後に、自分のマインドセットがあるべき姿になっているか、まわりの人に聞いてみてください。もし、遠慮なく厳しいことも含めてフィードバックを与えてくれる同僚や上司、部下、先輩、後輩がいるならば、その方々にフィードバックを頼んでみるのも有効です。あるべき姿といまの姿のギャップがわからなければ、マインドセットのどこを強化すべきかもわからないでしょう。最初にまわりに宣言するというところと一緒に進めてみてはどうでしょうか。

5-3 新たなチャレンジの手段と方法

5-3-1 チャレンジの手段

プロダクトマネージャーの能力の1つである発想力・想像力（イノベーション力）には、関連付け力が必要であることを説明しました。関連付け力を高めるには、多様な分野の経験が必要です。

BtoCとBtoBというような切り口もあれば、大企業向けと中小企業向けという切り口、バーティカルSaaSとホリゾンタルSaaSという切り口もあります。どんなものであっても、それぞれの分野特有の課題や解決策があるはずであり、それらを知ることで別の分野への転用が可能となるのです。新しいチャレンジをするための手段として、社内異動、転職、副業・兼業があります。

― 新たなチャレンジのための手段1：社内異動

まずは社内異動です。第2章でも紹介しましたが、会社の中には、個人の意思を尊重しての異動を可能にするFA制度のようなものもあります。そのような制度がある場合は利用を考えてみてください。

異動をするとそのチームから自分が抜けて、残ったメンバーに迷惑をかけてしまうとか心配されるかもしれません。その心配はもっともですが、長い目で見た場合には社員の成長こそが会社の成長の源泉になります。

社員の異動でもネガティブな影響が起きないようにするのは組織責任者の役割であり、同時に責任者は社員が多様な経験をもつことも支持すべきなのです。実際、諸外国の企業では、社員の異動を奨励するようにと上司に指示しているところも多くあります。もし、そのような公式の制度がなかったとしても、上司や組織にかけあってみるとよいでしょう。

── 新たなチャレンジのための手段2：転職

異動が不可能な場合は転職も視野に入れましょう。プロダクトマネージャーとしての成長のためには、転職も視野に入れるのが当たり前となりつつあります。

単一もしくは少数のプロダクト事業を展開している会社の場合、自社内で多様な経験をもつことは不可能です。プロダクトマネージャーとしての成長を考える際に転職を視野に入れてみてください。

── 新たなチャレンジのための手段3：副業・兼業

異動も転職もできないという場合、副業や兼業という手段もあります。働き方改革という名の下に、副業や兼業を許可する会社が増えており、パートタイムのプロダクトマネージャーとして他社のプロダクトに関わることも手段となりえます。

なお、プロダクトマネージャーとして副業や兼業で関わるにあたり、意思決定を担える権限があるかをしっかりと確認するようにしましょう。実際の副業の現場では、プロダクトマネージャーが行うべき業務の一部だけを担っているということがほとんどです。たとえば、プロダクトの利用状況を分析し、次の施策を提案することや競合プロダクトの調査を行うなどを限られた時間で行う形です。

重要な意思決定やチームマネジメントなどは副業では関与できない可能性が高いです。プロダクトマネージャーはプロダクトチームのメンバーが相談したいときに、すぐにアクセスできる状態である必要があります。また、適切な判断のためには、プロダクトやプロダクトチームの状態をつねに把握しておかなければなりません。

以上の理由から、パートタイムで関与するプロダクトマネージャーに、そこまでの権限を与えないかもしれません。また、関わる時間が短いために信頼関係を築けない可能性もあります。

パートタイムでかつ社外の人間にどこまで深いところまで任せるかは企業によって考えが違うので、副業や兼業で関わる場合には内容や期待値を事前にすり合わせておくことをおすすめします。一方で、上記のような一部の役割であっても、普段の分野と異なる分野に関わることは、多様な経験を得ることにつながるでしょう。

5-3-2 チャレンジの対象

続いて、何にチャレンジするか（何を変えるか）についても解説します。プロダクトマネージャーとして新しいチャレンジをする場合、以下の3つの変化が考えられます。

- **プロダクトを変える**
- **組織規模／体制を変える**
- **会社規模を変える**

なお、チャレンジの手段には社内異動、転職、副業・兼業の3つがあるとお伝えしましたが、ここでは主に転職を想定しての変化を扱います。

5-3-3 プロダクトを変える

第2章ではプロダクトマネージャーが扱うプロダクトを以下の4つに分類しました。それぞれについて、新たなチャレンジの方法を紹介します。

- BtoCとBtoB
- バーティカルとホリゾンタル
- プロダクトフェーズ
- 国内とグローバル

―― BtoB・BtoCを変える

BtoBからBtoCの場合

BtoBからBtoCへの転身の方が難度は低いとされる傾向にあります。それはBtoCが簡単だからではありません。BtoCは自分自身がユーザーになれるからです。プロダクトを体験したうえで、自分だったらこうする、というロールプレイがしやすいのです。加えて、疑似体験だけでなく、実際に簡単なスマホアプリをつくってみるなど、小規模であっても実際にやってみることも可能です。

もちろん難しさもあります。「データからPDCAを回す」という基本動作におけるデータ量はBtoBよりも多く、PDCAのスピードはBtoBよりも求められます。BtoBではエンドユーザーの声を営業が拾ってきてくれたかもしれませんが、BtoCは自分で協力者を探しにいくところから始めなければなりません。**BtoBでは気付かないうちに、営業やカスタマーサクセスに依存したプロダクトマネジメントに偏ってしまっている方も多いのです。**

また、いわば課題解決型であるBtoBのプロダクトから、価値創造型であるBtoCに移ることも大きな変化であり、難しさです。課題解決型はユーザー自身の困っていることや、何を解決したいかについて、答えとはいわないまでもヒントはもっています。しかし価値創造型は大きく異なります。ユーザーからの要望はもちろんありますが、それがプロダクトの価値を上げていくことに直結しない場合も多いのです。LINEが誕生する前に「LINEのようなチャットアプリが欲しい」というニーズをもっている人はきっとわずかであったでしょう。答えのない中で多くの施策を打ち、PDCAを素早く回していくという動きの早さにも、必然的に差が出ることになります。

BtoBからBtoCにチャレンジするコツは以下3点です。

- **とにかく気になるプロダクトのユーザーになり、「自分だったらこうする」というロールプレイを癖付けする**
- **データを扱うことに慣れ得意になる。データリテラシーを上げる**
- **できれば自分で何か簡単なアプリなどつくってみる**

このあたりを準備して、選考の中でアピールしていくことが大切です。

BtoCからBtoBの場合

次にBtoCからBtoBへのチャレンジです。BtoBプロダクトはBtoCプロダクトと比べて、自分がユーザーになることが容易ではありません。もちろん社内でツールとして使っているBtoBサービスもあるかとは思いますが、「ユーザー体験をもとにロールプレイをしにくい」ことが大きな違いです。

一番大きな違いは「クライアント企業に対するふるまい」があることです。とくに大手企業における意思決定プロセスへの関与の仕方、クライアントを巻き込んだプロジェクトマネジメントなどについてです。一般消費者であるユーザーと向き合ってきたBtoCのプロダクトマネージャーには想像しきれない部分があります。ユーザーと意思決定権をもつ人が異なる構造には慣れていないはずです。これは、BtoBプロダクトの肝になる部分であり、なかなかBtoCでは経験が積みにくい要素です。

確かに、BtoCと比較するとプロダクトの触れにくさはありますが、それでも多くの企業が記事を出していたり、イベントに登壇していたりと発信を多くしています。そこで情報収集を重ねるのが第一歩になるでしょう。

ほかには、プロダクトマネージャーが集まるようなコミュニティに所属するなどして、横のつながりをもちにいくのがよいでしょう。その中で、BtoBプロダクトに関わる人からエッセンスを存分に吸収していくことも有効です。BtoB向けプロダクトをもつ企業での副業や兼業で関わるところから始めてみるのもいいかもしれません。

BtoCからBtoBにチャレンジするコツは以下2点です。

- **とにかく情報収集の手段を広くとる。記事やイベント、コミュニティによる社外とのつながりなどを活用する**
- **情報収集の中でクライアント企業、とくに大手企業を相手に仕事をする難しさについては想像力をフルに働かせる**

── バーティカル・ホリゾンタルを変える

BtoBプロダクトの中でもバーティカルSaaSからホリゾンタルSaaSへ、もしくはその逆に転身することは、新たなチャレンジになるでしょう。主な違いなどは「2-3-3 バーティカルとホリゾンタル」を参照してください。

バーティカルSaaSに関わっている人は、「特定の業界ではなく、広くユーザーに使われるプロダクトに携わりたい」という考えをもつ傾向があります。一方、ホリゾンタルSaaSに従事されている人は、「もっと特定業界に深く入り込み、その業界自体を変革していきたい」と考え、転身を希望される傾向があるように感じます。

バーティカルSaaSからホリゾンタルSaaS

バーティカルSaaSと比べ、ホリゾンタルSaaSは、比較的競合の数が多く技術的要素で差別化がしづらいプロダクトも多いため、競合サービスに乗り換えられやすい特徴があります。**UIやUXによって利用されるかが分かれることもあり、ユーザーとして使いやすいかどうかをいままでよりも重視する必要があるでしょう。**そのためユーザーのペインがどこにあるか、課題がどこにあるかを早期に正しく理解できるかが重要です。

バーティカルSaaSからホリゾンタルSaaSへチャレンジするコツは以下2点です。

- **競合プロダクトとの違いや優位性を細かく理解するために実際に利用してみて比較する**
- **ユーザーが抱えている真の課題を早期に認識し、ユーザーフレンドリーなプロダクトづくりを意識する**

ホリゾンタルSaaSからバーティカルSaaS

バーティカルSaaSはホリゾンタルSaaSと比べて参入障壁が高い分、高いレベルでの業界理解が必要となります。**業界特有の習慣や行動特性、複雑なルールなども多く存在しており、これらを理解できるかどうかが優れたプロダクトを生み出せるかに影響するでしょう。**

それらを素早く理解できるかが、パフォーマンスに直結します。ドメインスペシャリストが社内にいる場合は、徹底的にその人から業界特性を勉強してみてください。ドメインスペシャリストが社内にいない場合は営業などの商談に積極的に同席し、少しでもわからない業界固有の言葉があれば理解できるように勉強し、業務プロセスの理解を深めていってみてください。

ホリゾンタルSaaSからバーティカルSaaSへチャレンジするコツは以下

2点です。

- **業界特有の習慣やユーザーの癖などをいち早く理解するため、業界のことを徹底的に調べあげる**
- **そのためにユーザーへのヒアリングや業務観察などを頻度高く実施する。ドメインエキスパートの方への聞き取り回数を増やす**

── プロダクトフェーズを変える

プロダクトのフェーズを変えることでも新しいチャレンジを実現することができます。

より規模の大きなプロダクトを志向する場合

傾向として多いのは、より規模の大きなプロダクト（レイターなプロダクト）を選ぶケースです。より世の中に対してインパクトのあるプロダクトに関わりたいという、以下のような業務に従事している方が多く希望されています。

- **立ち上がったばかりのフェーズが浅いプロダクトを担当している**
- **スタートアップでPMF前後にあるプロダクトを担当している**

当然のことながら、プロダクトの規模感が大きくなればなるほど、そのプロダクトが与えるインパクトは大きくなります。インパクトが大きいということは、価値を提供しているユーザーも多くいるため、当然多くの要望や多様な価値に向き合う必要があります。

インパクトを与えるプロダクトを担当するうえでは、よほどの経験がないとその全体の責任者となることは難しいといえます。スタートアップのプロダクト責任者は多数いますが、売上規模1,000億円のプロダクト責任者は日本でも限られた人のみでしょう。おそらく、プロダクトをいくつかのイシューで切り分け、そのうちの一つを担当することになります。

こうした転身の際には、**担当していたプロダクトがもつ大きな課題だけでなく、個別の小さな課題や改善点にまで目を配っていることがアピールポイントになります。**大きなプロダクトには大きなプロダクト組織があり、その中にそれぞれの役割をもったプロダクトマネージャーが在籍しています。全体方針を決めるだけ決めて、細かな課題に対しての手が打てないようでは、その組織の中で任せられる業務のイメージが湧かないということになりかねません。

また、データドリブンな意思決定に慣れているかどうかも欠かせません。インパクトの大きなプロダクトは大量のデータが集まるプロダクトでもあります。定量的なデータから客観的な判断をしていくことはどんなプロダクトでも大切ですが、プロダクトの規模が大きくなればなるほど、その重要性は増すと考えていたほうがよいでしょう。

より規模の大きなプロダクトへチャレンジするコツは以下3点です。

- **なぜいまのプロダクトの形になっているかの経緯や歴史を認識する**
- **誰がどこをどの目的で担当しているかの全体像を正しく理解し、自らの担当範囲がどこに影響しているかを考える**
- **各担当の役割は理解しつつ、積極的に越境していく**

より規模の小さなプロダクトを志向する

一方で、規模の小さなプロダクト（より初期フェーズのプロダクト）を新たに志向する人もいます。大きなプロダクトほど、改善や保守の業務割合が多くなり、新しい企画や機能の開発が少なくなるため、そこに物足りなさを感じているケースです。以下のような業務に従事している方が希望される傾向にあります。

- **改善や保守などが業務の主であるグロースフェーズを担当している**
- **メガベンチャーで安定収入のあるプロダクトを担当している**

こういった場合は、PMFより前のフェーズであったり、MVPすらつくれていないプロダクトへの関わりを希望する人が多くなります。プロダクトの企画構想段階から携わったり、初期の仮説検証フェーズ（すなわちゼロから）の立ち上げからの関与を求めてチャレンジするのです。

こうした転身の際には、**プロダクトの細かい改善方法やそのアウトカムをアピールするだけでなく、プロダクト戦略立案やロードマップ作成などの業務経験が大事になってきます。**またユーザーとどの程度向き合い、仮説を検証してきたかの経験も求められるでしょう。

より規模の小さなプロダクトへチャレンジするコツは以下2点です。

- **プロダクトだけではなく、事業や経営へのインパクトも考えながら行動する**
- **自らの担当範囲を定めず、何でもチャレンジしていくマインドをもつ**

── 国内・グローバルを変える

プロダクトマネージャーとしていまいる環境を変える場合、大半は国内での変化になりますが、グローバルな環境にチャレンジしてみてもよいでしょう。帰国子女であったり、語学が得意な人ほど、グローバルな環境を目指される傾向にあります。なお、グローバルと一言でいっても、意味は以下の2通りあります。

- **外資系企業のプロダクト**
- **海外のユーザーが使うプロダクト**

外資系企業と日系企業では、プロダクト開発の考え方や文化が大きく異なるでしょう。米国企業であれば、より最先端のプロダクトマネジメントに触れることができるはずです。同僚としても外国籍の人が多くなるため、より多様なビジネス経験を積むことができます。

また、より世の中へのインパクトを重視されるのであれば、日本市場に閉じたプロダクトではなく、海外ユーザーが利用するプロダクトの方がより魅力的に映るでしょう。生活様式もビジネス様式も異なる海外においては、日本のプロダクトマネジメントが一切通用しないかもしれません。その分、新しいチャレンジとなり自らの引き出しを増やすことにつながります。

よりグローバルなプロダクトへチャレンジするコツは以下2点です。

- **まずは英語をビジネスレベルに鍛える**（議論できるレベル）
- **副業なども含め、外国人と働く機会をつくる**

なお、外資系企業のプロダクト、もしくは海外のユーザーが使うプロダクトに関わる方法は「2-3-5 国内とグローバル」で紹介しているので、そちらをご覧ください。

5-3-4 組織規模・体制を変える

所属するプロダクトマネジメント組織規模を大きくする、もしくは小さくするというチャレンジがあります。

── 所属する組織を小さくしたい場合

まず、わかりやすいのは組織を小さくすることです。**いま所属している組織の大きさゆえに、裁量や権限が得られないことに悩んでいる人がこのことを考える場合が多いです。**とくにプロダクトが巨大なものである場合、一つひとつの機能が抱える課題も膨大なものになるため、一人の責任者がすべてを把握し、マネジメントしていくことは現実的ではありません。

その場合、一人のプロダクトマネージャーはプロダクトの一機能、もしくはさらにその機能におけるサブ機能の担当となったりします（図5-1）。

■ 図5-1　巨大プロダクトにおけるプロダクトマネージャーの配置イメージ

担当範囲	担当者
プロダクト全体	プロダクト責任者 (社長やCPOなど)
メイン機能A / メイン機能B / メイン機能C	シニア プロダクトマネージャー
サブ機能A / サブ機能B / サブ機能C / サブ機能D / サブ機能E / サブ機能F / サブ機能G / サブ機能H / サブ機能I	プロダクトマネージャー

… プロダクトマネージャー

プロダクトが成長し続け、新規プロダクトも立ち上げるように成長していけば、役職は右肩上がりで増えていきます。自分の上司はさらに上の職位となり、その上司の職位を自分が担えるようになります。しかし、それでも職位は基本的にはピラミッド構造であり、上にいけばいくほど役職不足の形にならざるを得ません。しかも、自分のキャリアプランで期待するのと同じスピード感でプロダクトや会社が成長するとは限りません。こうなると、必然的に転身を考えるようになります。

転身先としてはいまいる組織よりも小さい組織、フェーズの浅い組織であればあるほど、相対的な職位が上がるでしょう。10→100フェーズのプロダクトで部分的な担当しかしていなかった人であっても、0→1フェーズの企業に移ればプロダクト全体を担当することになるはずです。

― 所属する組織を大きくしたい場合

一方、現状の組織にプロダクトマネージャーが少ない、もしくは経験値の高いプロダクトマネージャーがいないようなときに、いまいる組織よりも大きな組織を希望する人がいます。とくにいまの組織にプロダクトマネジメントの考え方が浸透していなかったり、我流でプロダクトマネージャーとしてのキャリアを歩み始めたジュニアクラスの人に多いかもしれません。

そういった人は「もっと優秀な同僚が多くいる組織で切磋琢磨したい。刺激を受けたい」という希望をもっています。プロダクトマネジメント組織の人数が多く、体制もしっかりしている方が一定のフレームワーク化された教育を受けることができるかもしれません。また、プロダクトマネジメントのナレッジも蓄積されていることが多いはずです。こういった環境を希望される方は、いまよりもプロダクトマネジメント組織が整っている企業にチャレンジすることをおすすめします。

5-3-5 会社規模を変える

スタートアップのような小さい規模の会社からメガベンチャーや大手企業へ規模を大きくするチャレンジと、大手からメガベンチャー、メガベンチャーからスタートアップのように規模を小さくするチャレンジがあります。

── 会社規模を大きくしたい場合

所属する会社の規模を大きくしたい場合は、以下のような希望をもつ人がこれにあたります。

- **より世の中にインパクトのあるプロダクトを出したい**
- **より予算やリソースのある企業でプロダクトマネジメントをしたい**

当然ですが、スタートアップよりメガベンチャーの方が、メガベンチャーよりも大手企業の方が資本力やその企業のもつリソースは大きくなります。そのため潤沢な予算、豊富な販売チャネル、圧倒的な認知力、膨大な既存顧客など、規模の大きい企業ならではの魅力があるでしょう。一概にリソースが大きいほど有利というわけではありませんが、大きい方がより規模感やインパクトの大きなプロダクトを生み出せるかもしれません。

スタートアップでは認知拡大に数年かかるような状況であっても、大手の資金力をベースにCMを打てば、一瞬のうちにユーザーが獲得できる可能性もあります。現状の組織でリソース不足を感じていたり、世の中にインパクトを出せていないと思う方は、ぜひ規模の大きな企業にチャレンジしてみましょう。

── 会社規模を小さくしたい場合

一方で、会社規模を小さくしたい以下のような人もいます。

- **もっとスピード感のある組織にいきたい**

● 会社づくりにも関わりたい

とくに大手企業に所属している人からは、「稟議や決裁に時間がかかる」「いま企画を出しても通るまで半年はかかる」という悩みを耳にします。規模が大きな企業は、リソースも潤沢でインパクトのある事業に関われる一方、どうしても構造的にスピード感が劣後してしまいます。ITが必須の時代になったいま、スピードの遅さは競合に対して圧倒的に不利といえます。稟議や決裁に時間を要している間に、他社がすでにその機能やプロダクトをリリースしていたとなれば、プロダクトマネージャーにとってこんなにも辛いことはないでしょう。

その点、会社規模が小さい組織ほど、意思決定のスピードは速くなる傾向にあります。その分、方針が二転三転してしまうこともあるかもしれませんが、スピード感のある開発環境を求めるのであれば、スタートアップのほうが魅力的といえます。

5-4 市場価値を上げる

5-4-1 市場価値とは何か

私たちが現役のプロダクトマネージャーからキャリア相談を受ける際に、「市場価値を上げるにはどうしたらいいか」という質問をされることが数多くあります。ちなみにこれはプロダクトマネージャーに限った話ではなく、全職種のキャリア相談で聞かれる質問です。**そして必ずといっていいほど「まずはいまの職場で実績を出すことです」と回答しています。**

しかし、そのアドバイスを伝える前に必ず確認しているのが、「市場価値というのは何を意味していますか？」という問いです。市場価値という言葉は非常に意味が広く、人によって意図していることが異なるため、確認が必要です。

では市場価値とは一体何なのでしょうか。たいていの場合、「市場価値が高い」とは、以下のいずれかを指しています。

- **年収が高い状態**
- **転職先の選択肢が豊富にある状態**

すなわち「市場価値を上げたい」というのは、「年収を上げたい」もしくは「（将来的な転職に備えて）転職先に困らない状態にしておきたい」といい換えることができます。そしてこれら2つは、実はほぼ同じことを指しています。

年収とは基本的に市場における需要と供給によって決定します。**世の中のポジション数（需要）に対し、その役割を担える人（供給）が不足している場合、年収が高くなります。**これは希少人材であるためです。一方で、世の中のポジション数（需要）に対し、その役割を担える人（供給）が過剰である場合、年収は低くなります。

「エンジニアの年収が上がっている」という話を聞いたことがあるかもしれません。これはエンジニアの供給数が需要に追いついていないために起こります。一方で「美容師の年収は低い」という話も聞いたことがあるのではないでしょうか。これにはいくつかの理由がありますが、美容院の数に対し、美容師の数が多すぎるのがその一つです。毎年美容学校から多くの卒業生が輩出される一方、美容院の出店はそこまで多くないためです。そのため、もし美容師の数が不足していくと年収は上がっていくでしょう。

先に述べた「転職先の選択肢が豊富にある状態」とは、その人が複数企業や業界から内定がえられる状態であり、その人の需要が高いことを示しています。「買いたい人が多いオークション」だと考えれば、値上がりしていくイメージが浮かぶと思います。転職先の選択肢が豊富にあると、その人の年収は上がっていきやすいのです。

ですから、「市場価値を上げる」には、「同職種の他人と比べて、より複数の企業（=市場）から必要とされる人材になる」ことが重要となります。ではどうしたら、市場から必要とされる人材になれるのでしょうか。

5-4-2 市場から必要とされる人材になるには

市場価値を上げる、すなわち市場から必要とされるプロダクトマネージャーになるには、兎にも角にも実績を積んでいくことに尽きます。

そもそも企業がある求職者に内定を出すかどうかは、「きっとその人が当社で本当に実績を出してくれるだろう」というイメージをもてるかどうかにかかっています。実績を出してくれるかどうかは実際に働いてみないとわかりません。

業務委託での試験的な業務や、インターンシップ、ワークサンプルなどで仮想的に実績を出せるかを確かめられますが、通常の面接においては実績を出せるかどうかの判断は非常に難しいものです。そのため企業は、過去の実績からその人が自社で活躍しそうかを推測します。

すなわちその人が過去に実績を出していて、かつその実績を言語化できていると、企業側は「この人はうちの会社で実績を出せる再現性がありそう」と判断することができ、内定に至ります。求職者が言葉だけで「私は実績があります！」とアピールしたところで「どんな実績を出したの？」と聞かれるのは想像に難くありません。大事なのは実績の証明ができるかどうかにかかっています。**市場価値の高い人材はアウトカムをもって実績を証明できる人といえます。**

だからといって、スキルは大事ではないかというとそういうわけでもありません。実績を再現するためのスキルを有していないと、再度成果を出すことはできません。過去の実績はたまたま優秀なエンジニアチームに恵まれただけかもしれないし、たまたまCMがヒットして爆発的に売れただけかもしれません。スキルはもっているだけでは意味がありませんが、スキルに裏打ちされた実績が重要となるのです。

つまり、スキルを高め、実績を積むことで企業からの評価が高まり、さらには複数企業から内定を得られるようになることで市場価値が上がっていくのです。

5-5 他職種にチャレンジする

私たちがキャリア支援をしているプロダクトマネージャーは、この先も引き続きプロダクトマネージャーのキャリアを歩んでいきたい人が多数を占めます。しかし、中には他職種へのチャレンジを希望される人もいます。

本書の最後ではプロダクトマネージャーから他職種への転身としてどのような例があるのかを紹介します（図5-2）。

■ 図5-2　プロダクトマネージャーから他職種への転身例

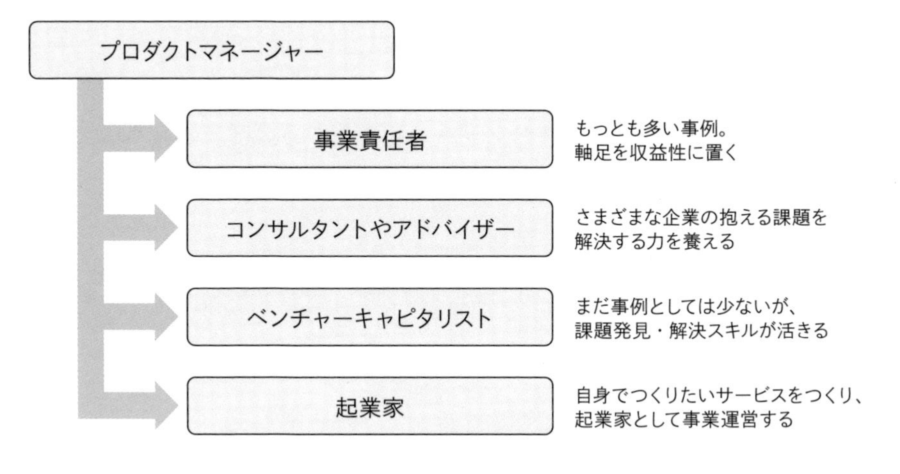

5-5-1 事業責任者への道

事業責任者への道がもっとも想像しやすく、また実際に多い事例です。プロダクトマネージャーとしての能力が高まりシニアレベルになると、事業責任者との業務境界線が薄くなっていきます。事業責任者はいうまでもなく、事業の成長に責任をもつ職種です。事業≒プロダクトとなっていることも多くありますが、もっともわかりやすいのはそれぞれの成長に対してのアプローチの違いでしょう。

プロダクトマネージャーはプロダクトを成長させる（収益性とユーザー価値のバランスをとりながら、プロダクトビジョンを実現させる）ことにフォーカスしています。一方で事業責任者は、事業の成長、とりわけ収益性にフォーカスすることがミッションです。競合を含めた市場環境のリサーチ、マーケティングやセールスなどの拡販活動など、ビジネスサイドのメンバーを束ね、いかに事業収益を高めていくかに集中します。

もちろんプロダクトマネージャーも収益性を無視しては真の成功に近づけませんし、事業責任者もよいプロダクトづくりができないことには売れません。そのため、お互いに重なり合う部分は多くあります。実際に兼任となっている組織もよく見かけます。

軸足をプロダクトに置くか、ビジネス側に置くかという違いであり、サービスの成長のために多角的な視点を養うという意味では非常に意義のある転身といえます。

5-5-2 コンサルタントやアドバイザーへの道

近年プロダクトマネジメントの重要性が増す一方で、次のような悩みを抱えている企業や組織も多く存在します。

- **まだプロダクトマネージャーが社内にいない**
- **プロダクトマネジメントについての理解が浅い**
- **プロダクトマネジメントの何から始めればいいのかわからない**

これらを解決する手段として、コンサルティングファームや外部のアドバイザーに頼ることが増えているようです。

大手コンサルティングファームでは、これまではクライアントの課題を特定し、その解決策を提示するところまで、あるいは課題解決を行うところまでを担うことがほとんどでした。しかし、DX化や新規事業の立ち上げに際し、プロダクトやサービスをつくり、それを成長させるまで伴走することのニーズが高まっています。

実際にコンサルティングファームでこういった専門チームがつくられており、プロダクトマネージャー求人も増えています。また、個人事業主や副業でプロダクトマネジメントに関するコンサルティングを行う人も多数います。

とはいえ、あくまでもアドバイザーとしての関わり方なので、長期にわたって1つのプロダクトに関わることはありません。ある程度軌道に乗った時点で別のクライアントの別のプロジェクトにアサインされることになります。**さまざまな企業の抱える課題に向き合い、それを解決する力を培っていくことができるという意味では、自社ではできない経験を積んでいけるでしょう。**

実際に、プロダクトマネージャーがプロダクトのコンサルタントとして独立したり、業務委託でコンサルティングを請け負うことも増えています。成功している人は、人脈や潜在顧客のコネクションをすでにもっていて、広範囲にわたるプロダクトマネジメント業務の中で自身の強みがどこにあるのか（プロダクトの戦略づくり、組織づくり、グロースフェーズなど）を明示しています。

コンサルタントとしての独立や副業・業務委託を検討している人は、プロダクトマネージャーとしての業務の中でこれらを意識していくことをおすすめします。

5-5-3 ベンチャーキャピタリストへの道

ベンチャーキャピタリストへ転身する事例も一部ですが出てきました。スタンフォード大学ではプロダクトマネージャーからベンチャーキャピタルへのキャリアパスについてのウェビナーを開催しています。また、ソーシャルニュースサイトのRedditやQ&AサイトのQuoraでは、プロダクトマネージャーから投資家になった人の話や質問などがあり、米国では一般的になりつつあるキャリアといえます。

ベンチャーキャピタリストはスタートアップの可能性に投資する仕事です。スタートアップの事業が成長するうえでの課題を洗い出し、その課題を乗り越えられるか、成長していけるかどうかを見極めることを生業としています。

大きく飛躍できる可能性がありそうだと感じれば、解決策を共に考え、時には伴走しながら課題を解決していくこともあります。ベンチャーキャピタリストの具体的な業務のうち、以下2点がとくにプロダクトマネージャーとしての経験が役立つポイントです。

- **デューデリジェンス**：プロダクトの価値や成熟度、マーケットに対する競合優位性や成長性を判断する
- **伴走**：プロダクトマネージャーとしての視点で投資先を成長させるためのアドバイスをします。出資比率によっては社外取締役となり、投資先企業の当事者となって支援することもあります

成長するための課題を発見し、解決策を考え、実行し、成長に導くという動きは、優れたプロダクトマネージャーが日ごろから行っていることです。こういった類似性からプロダクトマネージャーの新たなキャリアの選択肢が生まれています。

5-5-4 起業家への道

プロダクトマネージャーとして長く経験を積んだ後に起業する方は少なくありません。プロダクトの立ち上げや成長の場数を踏むことで経験がついてくると、自分で事業運営をしてみたいと思うようになるそうです。多くの場合、自身が興味のある領域や分野で起業しています。

日本の実例でいえば、SmartHRの創業者で現在はNstockのCEOである宮田昇始氏、10XのCEOを務める矢本真丈氏はプロダクトマネージャーとしての経験がある創業者です。

プロダクトの課題を見つけ、あらゆる手段を用いてその解決に取り組んでいくのがプロダクトマネージャーの仕事です。**プロダクトを企業、事業**

に置き換えればそのまま経営者としての仕事になるのです。

プロダクト≒事業となっている昨今においては、その境界線はますます曖昧になっています。「こんなプロダクトをつくりたい！」と強い思いをもった段階で、それを実現している競合企業がなければ、プロダクトマネージャーにとって自分で起業してプロダクトの実現を目指すことは身近な選択肢となりえるでしょう。

一方で、プロダクトマネージャーだけではよいプロダクトやサービスを生み出すことはできず、信頼できる仲間を集めていくことも必要です。これまでプロダクトマネージャーとして関わってきた多くの仲間や学生時代の友人など、まずは自身のネットワークの中から同じ船に乗ってくれる仲間を探していくことになるでしょう。

おわりに

私が外資系IT企業で3社、足かけ27年にわたる勤務の後、初めての日本企業としてまだ小さかったスタートアップに転職したのは2015年のことでした。そのスタートアップでの勤務のかたわら、副業として日本企業の支援をアドバイザーという形で始めたのですが、そこで感じたのは日本のプロダクト力の弱さでした。

2020年から始まった新型コロナウイルス感染症（COVID-19）での対応のまずさや労働生産性の国際ランキングで低迷していることなどから、昨今はIT後進国と揶揄されることも多く、日本政府も危機感をもってIT力強化を進めています。

もちろんIT力強化は必要です。とくに、私はITの中でもソフトウェア、さらにその中でも実装が重要と考えていますが、幸いなことに、日本には優秀なソフトウェアエンジニアがいます。数はまだまだ足りませんが、プログラミングコンテストでも上位入賞するような人がおり、採用基準が高いことで知られるグローバル企業でエンジニアとして活躍する人も少なからずいます。

そのような中、IT力強化で、とくに重要なのはプロダクトマネジメントだと考えるようになりました。ITはあくまでも手段。ソフトウェア実装力をもっていても、それを何に使うのか。手段としてのITを用いて何を実現するかが大事です。

世界では、ITを用いて極めて高い収益力をもつプロダクト事業を生み出し、成長させている企業が大成功を収めています。プロダクト力強化こそが日本に必要なものであり、そのために不足しているのがプロダクトマネジメントなのです。

そこで、意識的にプロダクトマネジメントの重要性を発信し始めたのですが、日本にはすでに同じように考える同志がいました。まだ小さいながらもコミュニティがあったので、そこに参加し、ひとまわり、いやふたまわり以上も年齢の離れた人たちとコミュニティ活動を盛り上げました。その結果が、2016年に始まったプロダクトマネージャーカンファレンスです。その後順調に規模を拡大し、いまや日本のプロダクトマネージャーで知らない人はいないイベントとなっています。

当初はスタートアップやいわゆるネット企業からの登壇者や協賛がほとんどだったのですが、いまでは日本の伝統的な大企業からの登壇や協賛もあるほどです。日本においてもプロダクトマネジメントの認知がここまで広まったのかと、立ち上げメンバーの一人として感慨深いものがあります。

私が2019年に会社勤めを辞めて独立したとき、顧問にと声をかけてくれたのが、本書の執筆陣が在籍するクライス&カンパニーでした。キャリアアドバイザーの中には右から左へと人を動かすことを目的にし、求職者のキャリアは二の次にしか考えていないのではないかと疑いたくなるような人もいます。しかし、私はこのクライス&カンパニーならば一緒に今後のプロダクト力が必要となる日本の労働市場を改革できるのではないかと考え、顧問の仕事を引き受けることとしました。

クライス&カンパニーとの協業は、当初はCTOやVPoPなどの技術幹部の転職や求人支援が中心でしたが、プロダクトマネージャーの需要が高まる中、私が運営に関わっていたプロダクトマネージャーカンファレンスの協賛のお誘いをした時期から、プロダクトマネージャーの支援が中心となっています。いまとなっては、私以上に企業のプロダクトマネージャー需要やプロダクトマネージャーとしての転職を考える人の状況を把握しています。

今回、需要が高まるプロダクトマネージャーをキャリアとして考えるための書籍が必要ではないかという話も、実は私から提案したことです。日本で一番プロダクトマネージャーとキャリアの話をしているクライス＆カンパニーだからこそできる話があり、それがいまの日本に求められていると考えたからです。

本書は、日本のプロダクトマネージャーのことを熟知している執筆陣が「プロダクト」として自信をもってつくり上げたものです。プロダクトマネージャーとして働きたい人の参考となり、日本のプロダクト力をよりいっそう高めるきっかけになるものと思います。

及川卓也

謝辞

本書の執筆にあたりコラムにご登場いただいた小口知紀さん、黒澤隆由さん、山崎聡さん、曽根原春樹さん、編集を担当してくださった翔泳社の渡邊康治さん、プロダクトマネージャーの実態についてご意見をいただいた浅越光一さん、コラムを執筆いただいた神田昭子さん、そして櫻内智子さん、田中孝明さん、菱沼史宙さんに多大なるご協力をいただきました。この場を借りて心より御礼申し上げます。

松永拓也・山本航・武田直人

会員特典データは次のサイトからダウンロードして入手してください。

https://www.shoeisha.co.jp/book/present/9784798178615

※会員特典データのファイルは圧縮されています。ダウンロードしたファイルをダブルクリックすると、ファイルが解凍され、ご利用いただけるようになります。

監修者略歴

及川卓也（おいかわ・たくや）

Tably株式会社代表。グローバルハイテク企業でソフトウェア開発に従事した経験を活かし、スタートアップ企業から大企業に至るさまざまな組織への技術アドバイス、開発組織づくり、プロダクト戦略支援を行う。著書に『ソフトウェア・ファースト』（日経BP）、『プロダクトマネジメントのすべて』（翔泳社）。

著者略歴

松永拓也（まつなが・たくや）

大手人材紹介会社を経て2018年にクライス&カンパニーへ入社。IT/Web業界に強みをもつキャリアコンサルタントとして10年以上の経験を有する。2019年、プロダクトマネージャー専門チームの立ち上げを行い、これまで約300名以上のプロダクトマネージャーのキャリア支援に携わる。2021年プロダクトマネージャーカンファレンス登壇。

https://twitter.com/kandc_matsunaga

山本航（やまもと・わたる）

日系戦略コンサルティングファームを経て、2018年にクライス＆カンパニーへ入社。主にプロダクトマネージャーやコンサルファーム出身者のキャリア支援を専門とする。Podcast番組「プロダクトマネージャーのキャリアラジオ」のパーソナリティを務める。2022年プロダクトマネージャーカンファレンス登壇。

武田直人（たけだ・なおと）

大手教育系企業にて、新規店舗の立ち上げから地域統括などのマネジメントを経験後、2007年にクライス&カンパニーへ入社。CxOをはじめ経営幹部から事業責任者など、企業の「要」となるポジションへの転職支援が強み。スタートアップから大手企業まで、Web・ITサービス業界が最も得意とする領域。延べ約3,000人のキャリア支援に携わり、2021年よりプロダクトマネージャーのキャリア支援チームに参画。

株式会社クライス&カンパニー

1993年の創業以来、「志」のある経営幹部人材のキャリアと企業の中途採用をご支援している人材紹介会社。日本の発展にとって不可欠な存在となるために、企業には「企業力を超えた採用力」を、人材には「感動レベルの面談品質」を提供すべくキャリアコンサルタントが日々研鑽している。2019年にプロダクトマネージャー専門チームを立ち上げ。キャリアイベント「汐留アカデミー」も運営。プロダクトマネージャー向けのイベントも実施している。

クライス&カンパニー　https://www.kandc.com/

プロダクトマネージャー向けサイト　https://www.kandc.com/eng/

ブックデザイン　沢田 幸平（happeace）
DTP　株式会社 シンクス

プロダクトマネージャーになりたい人のための本

エンジニアからプロジェクトマネージャー・事業企画・経営コンサルタント・デザイナー・現役PMまで

2023年6月14日　初版第1刷発行
2023年7月30日　初版第2刷発行

監修　及川 卓也
著者　松永 拓也
　　　山本 航
　　　武田 直人
発行人　佐々木 幹夫
発行所　株式会社 翔泳社（https://www.shoeisha.co.jp/）
印刷　昭和情報プロセス株式会社
製本　株式会社 国宝社

ISBN978-4-7981-7861-5

Printed in Japan